U0607176

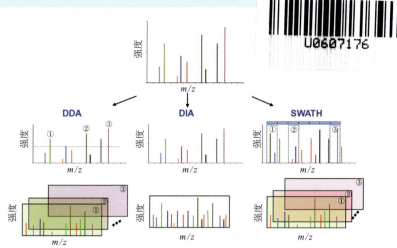

彩图 2-2 不同质谱扫描模式的示意

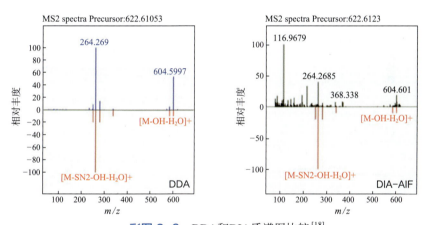

彩图 2-3 DDA和DIA质谱图比较[18]

MS2 spectra Precursor — 串联质谱图的母离子

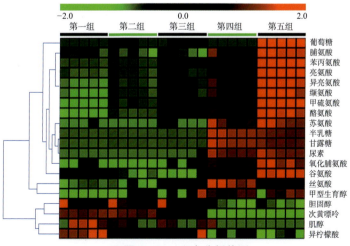

彩图 2-11 聚类分析热图

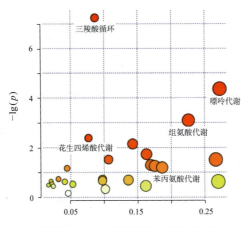

彩图 2-12　代谢通路分析气泡图

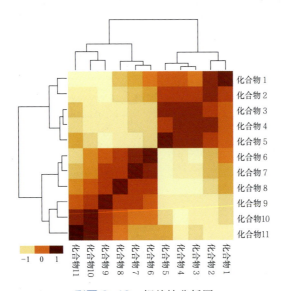

彩图 2-13　相关性分析图

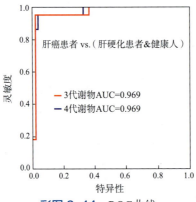

彩图 2-14　ROC曲线

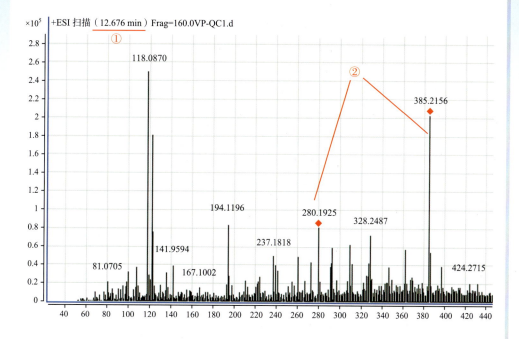

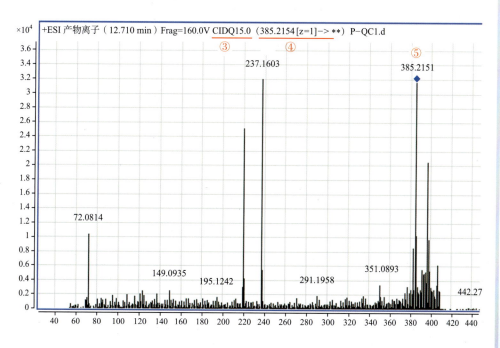

彩图 4-4　安捷伦Q-TOF MS谱图（Auto MS／MS谱图）

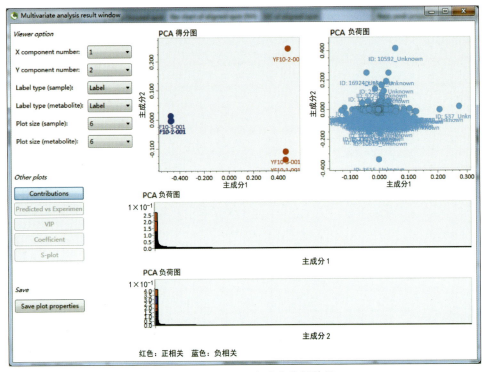

彩图 5-61　MS-DIAL 主成分分析结果

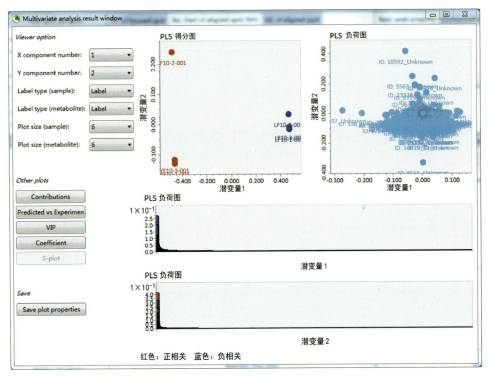

彩图 5-62　MS-DIAL 偏最小二乘判别分析结果

代谢组学
方法与技术

王洋 主编

化学工业出版社

·北京·

内容简介

本书第 1 章介绍了代谢组学的概念和分类，第 2 章对代谢组学实验流程中的每个步骤进行了详细解释，第 3 章总结归纳了代谢组学实验中需要记录的关键信息，第 4 章提供了一些有助于代谢组学研究的相关资料，第 5 章简述了代谢组学研究中常用的数据处理和绘图软件的基本操作，第 6 章总结全书。本书可以为代谢组学初学者和相关领域从业者提供代谢组学的知识图谱，有助于研究者更好地利用代谢组学技术解决科学研究中遇到的问题。

图书在版编目（CIP）数据

代谢组学方法与技术 / 王洋主编. -- 北京：化学工业出版社，2024. 11(2025. 11重印). -- ISBN 978-7-122-35610-9

Ⅰ. Q493.1

中国国家版本馆 CIP 数据核字第 2024WS0473 号

责任编辑：李 丽 刘 军　　文字编辑：李 雪
责任校对：刘 一　　　　　装帧设计：关 飞

出版发行：化学工业出版社
　　　　　（北京市东城区青年湖南街 13 号　邮政编码 100011）
印　　装：涿州市殷润文化传播有限公司
710mm×1000mm　1/16　印张 11½　彩插 2　字数 223 千字
2025 年 11 月北京第 1 版第 3 次印刷

购书咨询：010-64518888　　　　售后服务：010-64518899
网　　址：http://www.cip.com.cn
凡购买本书，如有缺损质量问题，本社销售中心负责调换。

定　　价：80.00 元　　　　　　　　版权所有　违者必究

前言

代谢组学通过研究体内内源性代谢物种类和浓度的变化来解释机体生命活动的代谢本质。作为系统生物学的一个分支，该技术已被广泛应用于生命科学的许多领域。代谢组学具有多学科交叉的特点，其综合了生物化学、分析化学、生物信息学等技术，对于初学者来说有一定的门槛。编者从 2009 年开始接触代谢组学，当时相关书籍较少，大部分知识只能通过发表的文章来获得，在学习和实验的过程中也积累了一些经验，形成了一些知识体系和框架。在 2017 年开始更新自己的公众号"代谢组学分享平台"，分享代谢组学的相关知识和经验。随着关注人数的不断增加，让我感觉这种基础知识的分享对于初学者来说非常有必要。在私信和留言中也总能收到来自读者的肯定和感谢，一位读者留言说我可以将公众号的文章整理一下出一本书，因此我萌生了出版此书的念头。

本书首先介绍了代谢组学的概念和分类，接着对代谢组学实验流程中的各个环节进行逐一解释和说明，然后对代谢组学实验记录和报告书写进行概述，最后从整体上对代谢组学技术进行总结，旨在为代谢组学初学者提供入门的基础知识，使读者能够更好地了解代谢组学并将其应用到实际科研中解决问题。此外，本书还提供了一些代谢组学学习的相关资料，并对常用的数据分析和统计软件进行了简要介绍。总之，作为一本学习手册，希望该书能够为各位读者提供尽可能全面的知识图谱，成为代谢组学研究和学习过程中的一本实用工具书。

本书所有内容大多来自编者实践经验积累和文献阅读笔记，同时参考了大量专家学者的论文著作，在此一并表示感谢。由于编者水平有限，缺点和疏漏之处在所难免，敬请各位读者不吝指正，我们将虚心接受并加以修正。

编者
2024 年 6 月

目录

附录 —————————————————————————————— 172

第 1 章

代谢组学概述

代谢组学是继基因组学和蛋白组学之后发展起来的一门学科，主要关注内源性的小分子代谢物在体内的变化情况。在正常情况下，这些代谢物在机体内处于一个动态平衡的状态，当机体受到外界的刺激或干扰时，这些代谢物的种类和浓度就会发生变化，代谢组学就是研究这一变化的一门学科，其通过全面地观察代谢物的变化规律来解释机体生命活动的代谢本质。

代谢组学通常可以分为非靶向代谢组学和靶向代谢组学，近期又发展出一个分支叫拟靶向代谢组学。非靶向代谢组学主要使用高分辨质谱仪，如飞行时间（Time of Flight，TOF）和轨道阱（Orbitrap）质谱等，对生物样本进行分析，尽可能多地检测存在于生物样本中的小分子代谢物，结合多元统计分析技术，寻找与机体状态相关的代谢产物。靶向代谢组学即定向检测某一类化合物，通常使用三重四极杆质谱（QQQ MS）在多反应离子监测（Multiple-Reaction Monitoring，MRM）模式下对样本进行分析。使用标准品或内标物质构建标准曲线，对目标代谢物进行定量分析。二者各自具有自己的优缺点，对于非靶向代谢组学而言，优点在于其对代谢物进行无偏向地检测，代谢物检测的覆盖率较高，但是基质效应和检测器饱和导致了该方法的线性范围较窄，使得该方法很难对浓度范围较宽的代谢物进行定量分析；此外数据预处理过程中提取的峰数量和峰面积会受参数设置的影响，这可能也会影响统计分析的结果和批次之间的重复性。靶向代谢组学在 MRM 模式下对代谢物进行分析，该模式具有高灵敏度、高选择性、线性范围宽等优点，同时使用标准品或内标物质构建标准曲线，使得靶向分析能够对代谢物进行准确的定量分析；但是由于可购买的标准品数量的限制，只有一部分代谢物可以被准确定量，这就降低了代谢物检测的覆盖面。

拟靶向代谢组学的建立可以将非靶向分析和靶向分析的优点进行整合，在满足定量准确性的同时保证较高的代谢物检测覆盖面。在实验流程上，首先使用高分辨质谱在数据依赖型扫描（DDA）下获取母离子和子离子信息，然后使用 QQQ 质谱在 MRM 模式下对母离子→子离子离子对进行扫描，获取目标离子的峰面积信息，之后进行统计学分析。随着仪器不断升级和优化，越来越多的扫描模式涌现出来，研究者们也开发了一系列的方法用于改善拟靶向代谢组学的分析流程。

本章将对三种代谢组学研究方法进行介绍。内容涵盖实验设计、样本前处理、样本检测、数据预处理、统计分析、代谢物筛选和注释等内容。旨在为大家了解不同的研究策略提供一些基础知识。

1.1 非靶向代谢组学

1.1.1 实验设计

实验设计对于代谢组学研究来说非常重要，特别是在一些实验中如果样本收集与样本检测需要由不同操作者完成时，在实验开展之前需要对实验方案进行详细讨论以及周密设计。主要需考虑以下几个问题：①选择哪种代谢组学策略，它们各自的优缺点是什么，例如非靶向和靶向代谢组学的选择；②从检测的通量、灵敏度、代谢物的降解、样本本身的稳定性以及样本量出发选择合适的分析平台和检测方法；③除代谢组学分析之外，样本还需要进行哪些分析。如果实验中涉及到动物或者人的样本时，必须严格遵循伦理审查标准。

完善实验设计可以从实验数据中获得可靠的结论，并且可以保证获得的数据满足实验目的。需要注意的是，生物样本代谢物的变化往往和许多因素相关，比如年龄、性别、种族、健康状况以及饮食等因素；对于细胞实验来说，细胞的生长条件，如培养基的类型、温度、环境以及基因的修饰等也会影响样本中代谢物的变化。因此，在实验过程中要充分考虑这些情况与实验结果之间的关系。在实验过程中，可以通过因子分析法对不同的因素进行系统考察，也可以使用分层随机分组法对样本进行分组，以保证不同的因素在不同的实验分组中保持平衡。

由于不同的因素或者处理方法对机体代谢物影响的类型和强度是未知的，所以在非靶向代谢组学分析中我们要特别关注样本的数量。样本数量的选取可以从实验设计、变量的检测、最小期望差异和数据分析方法等方面进行考虑。样本量的确定通常基于两个方面：①前期小样本的预实验数据；②实验平台以及下游数据分析的需要。此外，实验成本、受试者选取的要求等也需要考虑在内。

目前，对于非靶向代谢组学实验设计尚无通用的方法。实验的设计首先要能够回答我们提出的特定生物学问题，同时还要考虑样本本身的情况（样本数量、样本量、分组和样本量之间的平衡、细胞培养的方案和临床样本采集的方案等）和开展代谢组学实验的具体条件（实验平台、分析时间和实验费用等）。

1.1.2 样本收集

在许多研究中，收集到的样本除进行代谢组学分析之外，还要用于其他生化分析实验，所以我们需要建立一个统一的样本采集流程，同时为不同的实验提供可靠的样本。在样本收集过程中，方法的选择会影响结果的可靠性。由于代谢物在体内并不是均匀分布，所以需要根据实验目的选取合适的样本类型；昼夜节律和饮食等因素也会对代谢物产生影响，因此最好在每天的同一时间段进行样本采集；此外在采集过程中要注意实验组别和采集顺序的随机性。当涉及到动物实验时，还需要考虑动物适应环境的时间。

采集的样本量需要根据具体的分析方法进行调整。与样本相关的数据（如尿液渗透压、生物量、蛋白浓度等）也需要一并收集，用以将获得的结果归一化到起始样本量。在样本收集之后，根据后续的分析需要对样本进行分装，要避免不必要的反复冻融。选择合适材质的容器，保证在样本存储过程中代谢物不会被吸附或者损失。当收集血液样本时，需选择合适的抗凝剂［柠檬酸盐、肝素或者乙二胺四乙酸（EDTA）］[1]。对于一些不稳定的化合物，在储存过程中可以适当加入抗氧化剂以保持稳定。

有报道指出样本存储的条件和时间是引入干扰的重要因素，特别是当收集的样本用于不同的课题组进行分析，或者在样本收集和数据采集之间存在时间间隔时，这种干扰尤为明显，所以在样本收集过程中要考虑到这些问题[2]。对于细胞样本来说，上述因素通常会被最小化，可以减少其对分析结果的影响，但是，对于实验周期较长的实验还是要引起注意，因为不同的培养基、收集方法、储存时间和条件都是引起代谢物变化的因素。

1.1.3　样本前处理

代谢物自身反应以及酶的作用使得许多代谢物很不稳定，所以在代谢组学实验中，样本的前处理是一个非常关键的步骤。样本前处理的目的主要包括以下两个方面：①迅速终止代谢反应；②从生物样本中提取低分子量的化合物。样本前处理方法必须保证分析物在所选择的分析平台上具有良好的兼容性和较高的稳定性。

对于细胞样本来说，在进行淬灭和提取之前可以对细胞进行温和清洗以除去培养基的干扰，但是清洗可能会对细胞产生刺激，从而改变其代谢状态；另外还可能导致细胞膜或细胞壁破损，引起细胞内代谢物的流出。目前，文献报道中对于细胞清洗液没有统一的方法或建议。在一些实验中，有研究者使用磷酸盐缓冲溶液（PBS）或者醋酸铵缓冲液来去除残留的培养基[3]；而另一些研究者则建议细胞样本去除基质后立即进行淬灭终止其代谢，避免使用任何洗涤步骤[4-5]。

淬灭可以终止生物样本中酶的活性，常用的淬灭方法包括使用有机溶剂、冷冻、加热或者混合以上几种方法。使用液氮可以确保所有的酶促或非酶促反应完全终止。使用冷的甲醇或沸腾的乙醇进行淬灭是文献中常用的方法。对于贴壁细胞的代谢组学实验，要避免使用胰蛋白酶消化，最好直接刮取细胞[6]。

水-有机溶剂混合物是最常用的淬灭溶剂，因为它们可减少水含量（减慢非催化水解过程），使蛋白质变性（阻止酶促反应），并提供足够极性的环境以提取和溶解多种代谢物。生物样本大多为液体形式（血液、尿液等），通常可以通过加入 3～4 倍体积的有机溶剂进行蛋白沉淀和代谢物提取。除有机溶剂外，某些添加剂还可以提高样品的稳定性，例如，EDTA 可以有效地络合三价铁离子，中和其催化活性；而添加低浓度的氯仿或酸可以提高所提取的代谢物的稳定性[6,7]。

处理组织样本时，可以先将其冷冻然后通过研磨或者提取溶剂破碎萃取的方式进行处理，离心取出上清，最后复溶进行液相色谱-质谱联用（Liquid Chromatography Mass Spectrometry，LC-MS）分析。由于代谢物在提取溶剂中的溶解度与复溶溶剂中的溶解度有差异，在进行 LC-MS 分析之前最好通过高速离心的方式去除不溶的化合物。另一种方式是根据化合物的极性（脂溶性和水溶性），采用不同的溶剂进行代谢物提取，然后选择最适合的 LC-MS 方法进行分析。

1.1.4 质量控制样本

质量控制（QC）的目的在于对影响非靶向代谢组学工作流程的所有因素进行控制并最小化其影响。LC-MS 分析序列的起始和结束需要对 QC 样本进行分析，在序列分析过程中每隔一定数量的分析样本穿插进一次 QC 分析，最后用 QC 样本的数据来评价分析方法的稳定性和重复性。在代谢组学分析中，QC 样本的配制有多种方法，主要包括：①取等量的所有样本进行混合而成；②取等量的部分样本混合而成；③替代生物样本（例如与实际样本具有相同基质的样本）；④商品化的生物样本；⑤提取后合并的提取物；⑥一组特定的混合样本。其中，1 号和 2 号是代谢组学研究中常用的 QC 样本的制备方法。混合 QC 样本时等量量取整个实验中所有的样本进行混合，最终制得 QC 样本的量需要保证完成整个序列的分析需求。在大样本代谢组学分析中，在实验开始前无法取得所有样本进行混合，这时可以将现有的样本进行混合制备 QC 样本（2 号），这两种 QC 样本含有与检测样本相同的基质，在实验中也最为常用。此外，也可以选择与检测样本具有相同基质的替代样本（4 号）以及商品化的生物样本作为 QC，例如 NIST 1950 血浆样本等。

QC 样本的作用主要包括：

① 在序列起始进样，稳定和平衡 LC-MS 系统，根据具体实验情况设定不同的进样次数，通常为 5～15 针。

② 用于考察分析方法的稳定性和重复性，通常建议在整个序列中每隔相同数量的样本运行一次 QC 样本，间隔样本数可根据分析时间、样本总数等因素来设定。

③ 为确保分析方法的可重复性，使用归一化策略来校正保留时间差异。

④ 校正由于分析平台的系统误差所导致的峰强度的差异，例如比较常用的本

地散点平滑估计（Locally Estimated Scatterplot Smoothing，LOESS）回归法。

⑤ 为区分噪声信号提供参考。由于代谢物峰强度表现出对浓度变化的线性响应，所以可以使用该标准通过评估其对稀释样本的响应来舍弃不可靠的峰。比如分析 QC 样本和稀释后的 QC 样本，通过观察峰的强度来去除干扰峰，但是这种方法有可能会损失掉一些浓度本来就很低的化合物的信息。

对于大样本研究（数百至数千个样本），须将被研究样本分批进行分析；对于小样本量的研究，可以在一次分析中完成所有样本的检测。样本数量和用量决定了需要使用的 QC 样本的类型，也影响了实验中可以使用的仪器平台和方法的数量，以及是否可以进行重复的样本分析。样本分析之前，样本检测的顺序需要进行随机化，以避免不均衡的分布和聚类对样本组别产生影响，QC 样本则需要根据样本的数量每隔几个样本穿插进行检测。为保证检测的准确性，可以将 QC 样本放在不同的样品瓶中，避免同一样品瓶中的 QC 样本连续进样，中间引起溶剂蒸发给检测到的数据引入误差。另外，必须在大样本序列开始之前运行一组 QC 样本来对分析系统进行平衡。

1.1.5　样本检测

1.1.5.1　LC-MS 设置

LC-MS 平台的选择是由我们的实验目的决定的，所选择的平台必须能够回答实验设计中所提出的科学问题。此外，检测平台还需要与样本的收集和前处理过程相匹配。为了达到广泛检测代谢物的目的，我们通常选择高分辨质谱仪，另外我们也需要考虑在分离分析中引入不同的方法，如使用不同的色谱柱等。

1.1.5.2　液相色谱（Liquid Chromatography， LC）

反相色谱柱的适用性广、稳定性高且对非极性至中极性化合物具有良好的保留效果，现已被广泛应用于非靶向代谢组学分析中。在代谢组学研究中常用的反相色谱柱为传统的 C_{18} 以及沃特世公司生产的 HSS T3 色谱柱。C_{18} 色谱柱对大多数非极性化合物，如脂质和胆固醇等，有较好的分离效果。HSS T3 色谱柱具有低密度的十八烷基配体，可以增加对极性化合物的保留，相比于常规的 C_{18}，该色谱柱可以拓宽所检测化合物的极性范围。

亲水作用色谱（Hydrophilic Interaction Liquid Chromatography，HILIC）适合分析大极性的代谢物，在 HILIC 分析中会使用较高比例的有机相作为流动相，因此有助于改善电喷雾电离（Electrospray Ionization，ESI）效果以及提高检测灵敏度。但是相比于反相色谱，HILIC 分析时保留时间的重现性相对较差，且对基质效应更加敏感，此外，分析物与色谱柱之间建立的各种相互作用会随着梯度变化而变化，使得我们很难预测化合物的保留和洗脱顺序。目前市面上有多种 HILIC 色谱柱，其中最常用的两种填料为 Amid-grafted 硅胶（用于分离极性化合物）和 Zwitterionic Sulfobetaine 固定相（用于分离高极性和离子型化合物）。由于 HILIC 分析方法开发较为复杂，所以如果没有液相色谱使用经验的话，最好使用文献中已经报道的方法或者选择应用较为广泛的色谱柱填料。

1.1.5.3 质谱（Mass Spectrometer， MS）

高分辨质谱仪可以提供精确分子量、同位素分布、串联质谱等信息，这些信息可以提高代谢物注释和鉴定的准确性。此外，使用离子淌度质谱测定的碰撞截面（CCS）信息也越来越多地被应用于代谢组学研究中，从而为代谢物的鉴定提供多纬度的参考。但是，如果在一次分析中同时获取一级质谱（MS）、串联质谱（MS/MS）和 CCS 信息，会使仪器的采集速率、灵敏度和动态范围有所下降，在代谢组学分析中我们要考虑这个问题。

在非靶向代谢组学分析中，最常用的两类高分辨质谱为 Orbitrap 和 TOF 质谱，这两类质谱仪的质量精度可以维持在 2ppm 以内。四极杆飞行时间（Q-TOF）质谱的分辨率可以达到 30000FWHM（半峰高处的峰宽，用来描述质谱的分辨率）至 60000FWHM，足以满足小分子代谢物的分析需要。Orbitrap 质谱则可以提供更高的分辨率，可以达到 200000FWHM 至 1000000FWHM，但是高分辨率是以牺牲扫描周期（duty cycle）为前提的。TOF 质谱在维持高分辨率的前提下，最高可以达到每秒 100 张质谱图，所以 Q-TOF 质谱更适合对 LC 色谱峰峰宽较窄的化合物进行分析。

高分辨质谱仪可以根据硬件和软件的不同提供不同的扫描模式来获取串联质谱信息。其中，最常用的一种方法为数据依赖型扫描（DDA），在该扫描模式下，符合强度阈值的离子被选中进行碎裂。DDA 可以提供干净的 MS/MS 谱图，且很容易建立母离子与子离子之间的关系；但是其最大的不足就是不能获得所有化合物的碎片信息。另外一种方法是数据非依赖型扫描（DIA），这种方法在获取碎片信息时不对母离子进行预先筛选，所以理论上可以对所有离子进行碎裂，但是获得的 MS/MS 谱图是所有母离子的混合碎片离子图，这就使得我们很难建立母离子和子离子之间的关系。近几年发展起来的 SWATH 方法（一种 DIA 分析方法）将母离子扫描范围隔成连续的隔离窗口，这些隔离窗口可以减少用于获取碎片离子的母离子的数量，因此可以减少碎片质谱图的复杂性，通过软件解卷积之后就可以得到子离子对应的母离子。此外，离子淌度技术的加入大大提高了高分辨质谱检测的峰容量，也有效地提高了 DIA 获取的 MS/MS 质谱图的质量。离子淌度技术提供的 CCS 值也为化合物的鉴定提供了可靠的信息。

1.1.6 数据预处理

1.1.6.1 峰提取

峰提取需要在保留大部分有用的质谱信息和最大限度舍弃不相关数据之间做

平衡，最终将样本的 LC-MS 原始数据转换为一组数据集供后续统计分析。LC-MS 的原始数据是一个包含连续的时间、质量和强度的单个文件，一系列文件需要转换成包含保留时间、质荷比（m/z）以及峰强度的数据集，这一步称为峰提取（peak picking）。原始数据首先通过信号过滤消除随机噪声，接着定义强度阈值筛选可以被提取的峰，这个阈值的定义需要进行优化，以避免丢失强度较低的关键化合物以及保留过多的噪声。可以使用商业和开源的软件完成该步骤，商业软件有沃特世的 Progenesis QI，赛默飞的 Compound discoverer，安捷伦的 Mass profiler professional 等，开源软件包括 XCMS、mzMine 和 MS-DIAL 等。由于保留时间会随着分析序列的运行而产生漂移，因此对齐（Alignment）算法可以调整相同分析序列甚至不同批次分析样品之间的保留时间，以使同一离子的峰在所有样品中具有相同的保留时间。在进行峰提取之前，通过设置保留时间窗口和质量偏差阈值对信号进行对齐，以保证一个色谱峰在所有的样本中具有较准确的质荷比和保留时间便于后续分析。

在 LC-MS 分析中，一个化合物可以产生不同的离子，例如不同的加合离子形式、聚合离子、源内裂解等，这些离子的存在导致数据集过于冗杂。峰分组或解卷积操作可以根据保留时间匹配、不同峰之间的质荷比差异（加合离子或者中性丢失等）信息对属于同一化合物的不同离子进行分组，精简数据集。

1.1.6.2　数据校正

QC 样本贯穿于整个实验分析中，它们具有相同的化合物组成，其信号的变化来源单一，可将其作为数据校正的基准。主要的校正有以下几个方面。

（1）过滤：使用连续进样的 QC 和稀释 QC 样本对数据进行过滤，保证那些感兴趣的峰均来源于样本本身。提取峰的响应强度应该与其稀释的倍数呈现相关性。

（2）漂移：由于一些不可控的因素，固定浓度的化合物的信号响应会随时间发生变化。QC 样本中的化合物浓度恒定，所以可以根据其中化合物响应随时间的变化对整个序列运行过程中化合物的响应作评估。

（3）归一化：在样本制备过程中，由于操作的差异可能会导致相同浓度样本的质谱响应强度出现不同，这时可以通过计算样本信号与 QC 信号之前的比例来对样本信号进行归一化。

1.1.6.3　数据缩放

在非靶向代谢组学分析中，经过质谱检测的数据很难获得每个化合物的真实含量，例如一个浓度较低的化合物可能由于非常容易电离而产生较高的响应信号，而高浓度的化合物可能信号强度比较低。所以，分析结果中信号强度较高的化合物在样本中浓度并不高，同样的，强度变化最大的化合物其浓度差异可能并不大。这时就需要我们在数据分析前对数据进行缩放。主要的缩放方法有单位方差法（UV），帕累托法（Pareto）和对数转换法（Log-transformation）。

1.1.7 统计分析

统计分析可以帮助我们从获得的谱图中进行信息挖掘，单变量统计分析和多元统计分析是常用的两种互补的数据统计分析方法，前者对单个代谢物的重要性进行评价，后者广泛应用于处理非靶向代谢组学数据集，用以解释代谢物与不同组别之间的潜在联系。

1.1.7.1 单变量统计分析

单变量统计用于对比某一化合物在不同组别之间的强度差别，考察其差异是否具有统计学意义。数据结果可以以箱线图形式呈现，展示原始数据的分布特征，也可以进行多组之间数据分布的比较，通常用星号来标注显著性。火山图也可以用来展示单变量分析的结果，该图可以同时将代谢物在不同组别之间的变化幅度和显著性进行可视化，常用于数量较大的代谢物的分析和比较。

1.1.7.2 多元统计分析

多元统计分析旨在发掘隐藏于多种变量背后的样本的模式结构。代谢组学数据集中包含的变量数的数目远大于观察量的数目，所以通常需要先对数据集降维，然后再进行数据分析。基于不同的实验条件，或依靠可变性标准来构建模型，然后将其用于计算代表性的变量，以及筛选潜在生物标记物。无监督分析法可以展示数据的主要变化趋势，具有探索的目的，而有监督分析法则利用实验设计的分组来构建预测模型。在代谢组学数据分析中，建议先进行无监督分析，以评估数据的一致性并查看是否存在异常值或来源于系统的变异因素。

主成分分析（Principal Component Analysis，PCA）是一种无监督模型，常用于代谢组学数据分析的开始阶段，用来查看数据的一致性。从得分图（Score Plot）中可以观察由于代谢物的变化引起的样本在空间中的分布情况，载荷图（Loading Plot）则可以帮助我们评价不同的变量对分组的贡献情况。有时实验设计的分组情况可能与PCA得分图中样本的分组趋势不一致，这种情况下就需要使用另外的分析策略，基于实验因素（如实验的分组）建立分析模型，即有监督分析模型。偏最小二乘判别分析（Partial Least Square-Discriminant Analysis，PLS-DA）和正交偏最小二乘判别分析（Orthogonal Partial Least Squares-Discriminant Analysis，OPLS-DA）是常用的两种有监督模型，结果的解释与PCA相似，得分图可以查看样本分组情况，载荷图可展示变量对样本分组的贡献。

1.1.8 代谢物注释

代谢物的注释和鉴定可以帮助我们将数据与特定的生物学环境相联系，也可以对数据集进行精简，方便下一步的统计分析。我们可以使用代谢物不同的物理化学特性对其进行注释，例如精确分子量、碎片离子分布、保留时间、CCS 值等。使用单一的信息不足以得到可靠的注释结果，所以通常需要结合两个或两个以上的正交信息，或者使用可靠的标准参考值来完成化合物的注释和鉴定，可以根据使用信息的不同将化合物注释定义为不同的水平，如表 1-1 所示[8]。

表 1-1　代谢组学研究中代谢物鉴定的不同级别

鉴定级别	描述	最低数据要求
Level 0	三维结构解析：对目标化合物进行分离纯化，得到纯度较高的样品	依据天然产物研究要求，鉴定三维结构
Level 1	二维结构解析：使用标准品匹配，或对化合物进行完整的二维结构确定	至少需要两种正交技术获得的数据进行结构鉴定，例如 MS/MS 和保留时间或 CCS 值
Level 2	可能的结构：与发表的文献或数据库进行匹配	至少需要两种正交信息，包括可以排除其他鉴定结果的数据信息
Level 3	可能的结构或分类：最有可能的结构，异构体、分类或结构匹配信息	可能会有多个可能的鉴定结果，至少需要一种信息可以支持结构鉴定
Level 4	未知结构	在样本中存在

表 1-1 中的这个定义方式广泛应用于代谢物的注释中，它根据使用的正交信息的数目和使用数据库（开源数据库和自建数据库）情况来定义注释的可信度。但是，以这个分组方式定义化合物的注释也有一些不足，一些研究者认为详细阐明化合物注释的过程要比简单给出注释的 Level 更加重要。

代谢的准确鉴定是一个相对耗时的过程，所以在代谢组学研究中可以先使用现有的信息对代谢物做注释，在统计分析之后，再对筛选出来的差异化合物做进一步的确认。这样，我们就只针对那些对实验分组贡献较大的化合物进行鉴定，减少时间的消耗。

1.1.9　代谢物分析

我们从统计学结果中直接获取生物学相关信息，所以通常需要将统计学分析中筛选出的差异化合物整合到具体的生物学功能当中，以帮助我们更好地了解这些差异代谢物。目前，代谢组学分析很难对某一代谢通路上的所有化合物进行全面分析，另外对差异化合物的解释也依赖于数据库中存储的相关代谢路径与差异化合物之间的关联。

富集分析是目前较为常用的一种代谢物分析方法，它基于差异化合物在特定代谢通路中的数量，将实验观察到的表型与代谢通路建立联系，通过统计分析，展示高于随机频率的代谢途径。现已有很多软件可以用于代谢物的富集分析。还可以通过网络模型来对实验观测到的表型进行机制解释。将代谢物标记于生化反应网络中，并且可以在图中标记每种代谢物的强度、贡献度、统计学意义等信息，通过可视化使网络变得更加清晰。此外，拓扑学分析通过对结点（代谢物）和边（反应）的分析也有助于我们提出生物学假设进行后续的验证试验。现在也有一些数据库和工具可以帮助我们实现代谢网络分析，可以帮助我们了解那些感兴趣的代谢物在特定生物状态下的作用，为我们进一步探索其生物化学机制提供了重要的参考。

1.2 靶向代谢组学

1.2.1 简介

代谢组学研究可以分为两类，靶向代谢组学和非靶向代谢组学，且各有其优缺点。非靶向代谢组学对样本中所有化合物进行广泛分析，与化学计量学方法相结合，对庞杂信息进行整理，生成易于处理的较小的数据集用于统计分析，然后对数据集中的信号进行差异化合物筛选，用以解释机体生命活动的代谢本质。在非靶向分析中，代谢物检测的覆盖范围仅受样品制备方法和分析技术的灵敏度和特异性的限制，所以非靶向代谢组学的广泛检测有助于研究者发现新的靶标。但是该方法主要的挑战在于处理海量原始数据的时间消耗、对于未知小分子的鉴定困难、代谢物的检测覆盖面依赖于所应用的分析平台以及检测器对高丰度信号的偏向性等。

靶向代谢组学则是对一组特定的化合物进行检测，通过使用标准品或内标，可以对化合物进行定量或者半定量分析。该方法可对某一代谢通路上的代谢物进行分析，帮助我们了解参与代谢的酶及其动力学过程，最终揭示它们在特定代谢通路上的作用，从而对该通路有更进一步的认识。在靶向代谢组学研究中，样本前处理的方法需要进行优化，最大限度地富集目标化合物，减少高强度离子的干扰。在研究中提前确定好需要检测的化合物的种类和范围，可发现在特定生理状态下存在于代谢物之间的相互关系。

1.2.2 LC-MS

当使用 LC-MS 进行靶向代谢组学分析时，需要考虑有哪些因素可能影响实验数据准确性。选择合适的离子源，ESI 离子源是在基于 LC-MS 的代谢组学研究中最常用的检测小分子的离子源。ESI 是一种软电离技术，它的出现使得质谱可以检测非挥发的、分子量大的化合物。其最主要的优点是在检测非挥发性化合物时，不需要借助衍生化来提高其挥发性，同时减少碎片离子的产生，简化化合物的谱图解释。但是 ESI 也有一些不足，最突出的一个问题就是在分析复杂生物样本时，会产生强烈的离子抑制效应。在电离过程中，不同的分子在竞争电荷时会发生离子抑制，且电离效率的高低与分析物本身的化学特性相关。因此，对于一个特定的离子来说，观察到的离子的计数会受其他分析物或者背景离子共电离的影响而发生变化。即使在质谱中看不到干扰信号，离子抑制也依然存在。因此，整个分析必须基于一个前提，就是所有待检测样本中化合物的组成大致相同，所以在实验中最好选择相同基质的生物样本进行分析和对比，例如，最好不要将血浆样本和组织样本进行对比。在进行靶向代谢组学分析时，常需要使用内标来评价和控制离子抑制和基质效应。

大多数应用于代谢组学研究的 LC-MS 平台都可以分别使用正离子模式和负离子模式进行样本检测，因此在实验中要根据代谢物的理化性质，选择合适的检测模式，确保待测化合物被高效电离。

1.2.3 靶向分析

在基于质谱的代谢组学分析中，要意识到离子强度和色谱保留时间都会随着时间的推移而产生漂移，所以在实验中，要按随机顺序对样本进行检测，且数据最好在同一天同一批次进行采集，以减少误差。

使用靶向分析的优点体现在以下两个方面：

（1）每个样本中均加入内标，可使用内标对不同批次和不同样本组之间的代谢物浓度进行归一化。这对大样本分析，以及分析时间持续几天或者几周的实验非常有用。

（2）通过使用 MRM 扫描模式，可以准确定义每一个被检测的化合物，并将其纳入下一步分析。如图 1-1 所示，质谱分析需要使用三重四极杆质谱，代谢物在 ESI 中被电离，然后在 Q1 中被选中隔离；Q2 为碰撞池，被选中的离子在 Q2 中进行碎裂；最后碎裂的离子被送入 Q3，Q3 选择特定的子离子送入检测器被检测。

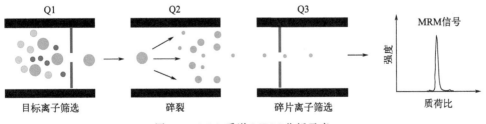

图 1-1　QQQ 质谱 MRM 分析示意

每一个代谢物都有特定的母离子→子离子离子对（也称为通道），因此可以保证每个化合物的准确监测，如果再结合保留时间信息，准确性将进一步提高。但是，在靶向分析之前，我们需要对所要检测的化合物的监测通道、保留时间、浓度动态范围以及碰撞能量等参数进行优化，这是一个繁琐但是很必要的工作。为了获得更有意义的结果，我们需要进行生物学重复试验，然后将结果进行统计分析以确定某一化合物在不同组别之间的差异是否具有统计学意义。

1.2.4 代谢物提取

代谢物的提取对于任何代谢组学实验来说都很重要，样本预处理的步骤要尽可能少，因为步骤越多越容易引入不可控的代谢物损失，而提取本身是有选择性的，所以在代谢物全面分析中会带来偏向性。对于非靶向代谢组学来说，提取方法需要确保从样本中提取出尽可能多的代谢物；而对于靶向代谢组学来说，由于只对特定的代谢物进行分析，提取方法则侧重于提高对目标分析物的提取效率。因此，提取方法在排除大分子干扰的前提下，还需要根据待测物的物理化学性质和相对强度等信息做出调整。我们需要考虑一系列可能影响目标化合物提取效率的参数，包括单相提取还是两相提取，提取中使用的水相和有机相的性质、用量和比例，提取的 pH 值和温度等。提取方法会影响提取到的代谢物的数量、性质以及实验的重复性等。

1.2.5 注意事项

样本的质量对于代谢组学实验的进行至关重要。生物样本应该平行迅速地取样以减少代谢物浓度的变化。如果不能马上进行样本预处理，取出的样本应该储存在 −80℃ 冰箱中以阻止代谢物降解。有报道称，在临床研究中，样本在分析之前存储数十年，其中大部分的代谢物仍可以被检测到，但是对于一些比较容易氧化（如儿茶酚胺）或水解（如 ATP）的代谢物就有可能检测不到。

能够可靠准确地将感兴趣的代谢物从样本中提取出来对靶向代谢组学研究非常重要。已有大量文献针对不同类型样本，不同类型代谢的靶向提取分析进行方法优化[9-11]。提取方法确定之后，要尽可能减少样本在室温中留存的时间，因为存放时间长会导致溶剂挥发引起待测物浓度变化为后续分析引入误差。

在质谱分析中，化合物电离的过程相对复杂，特别是当化合物中没有易被电离的基团存在时，电离就会很困难。实验中，引起电离效果不好，导致目标物信号较低的原因可能有以下几个方面：

（1）可能是由于样品制备、代谢物提取和 LC-MS 分析过程中所使用的溶剂纯度引起。溶剂中存在污染物，例如塑化剂和表面活性剂，这类物质很容易被电离，会与待测物竞争电荷引起电离抑制，导致样本间化合物电离效率的差异。所以实验中要保证所使用溶剂的级别，以及所使用容器的洁净。

（2）样本组成复杂引起广泛的离子抑制，进而导致化合物电离较差。我们可以通过样本纯化或者改善色谱分离（如用不同的洗脱梯度或不同的色谱柱等）来克服这一问题。但是这样会增加数据采集时间，另外由于样本前处理步骤增加也可能会引入其他误差。

（3）代谢物本身在样本中的浓度较低也会影响检测的灵敏度。这种情况下，可以提高质谱进样量，或者使用固相萃取等技术进行目标物富集，以及使用化学衍生化方法提高电离效率，将化合物信号提高至可检测的水平。

另外，保留时间的漂移也常会出现在 LC-MS 分析中，为了在分析过程中尽可能减少漂移，在序列运行之前分离系统需要经过充分的平衡。在可能的情况下，最好能保证一个实验中的所有样本都使用同一根色谱柱进行分析，因为尽管是相同厂家、相同型号、相同批次的色谱柱，在分析时也会有很明显的性能差异。在每次 LC-MS 分析之前，流动相要重新配制，因为很多溶剂在室温下都会挥发，挥发会使流动相比例、pH 值（特别是使用了甲酸铵或乙酸铵为添加剂的流动相）发生变化，进而引起保留时间的漂移。

将样本分析顺序进行随机化，有助于我们观察由于漂移引起的代谢物响应变化，从而减少对后续统计分析引入误差。此外，将内标或者 QC 样本（如混合样本）穿插于整个分析过程中用于数据归一化也可以帮助我们观察来自于仪器的信号漂移。

在靶向代谢组学研究中，会根据实验目的选择不同的目标代谢物，所以实验的当务之急是确定代谢物的质谱检测和 MRM 分析的参数。尽管优化代谢物检测的通道、色谱分离条件、保留时间、电离方式、动态/线性范围比较费时费力，但是这些信息一旦确定，就可以为我们提供特定代谢通路在不同实验条件下的宝贵信息。

1.3 拟靶向代谢组学

1.3.1 简介

代谢组学属于系统生物学的一个分支，通过观察代谢物种类和浓度的变化，为我们在疾病生物化学、毒理学、药理学、基因功能、疾病早期诊断以及肠道微生物等领域提供新的见解。代谢组学的主要目标是对存在于生物样本中的代谢物进行广泛地定性定量分析，但是由于生物样本组成非常复杂，使得化合物的全面表征具有很大的挑战。代谢组学研究中主要的分析平台是核磁共振（Nuclear Magnetic Resonance，NMR）和 MS，其中 NMR 可以进行无损分析，且可以较好地完成代谢物注释，但是其检测灵敏度相对较低[12-13]。

质谱通常会与分离技术进行联用，例如 GC-MS、LC-MS，针对不同的目标化合物进行分析。气相色谱-质谱联用（Gas Chromatography Mass Spectro me-try，GC-MS）主要用于分析挥发性好的化合物，对于挥发性差的化合物，通常使用衍生化来降低化合物的极性，提高其热稳定性和挥发性。LC-MS 则可以在不进行衍生化的前提下对热不稳定性的代谢物进行分析，因此也是代谢组学研究中最常用的方法。

如前所述，非靶向分析不对样本中的代谢物做任何前期假设，而是尽可能全面地检测存在于样本中的化合物。靶向分析则在分析之前先对外部刺激会引起生物体中哪一类化合物的代谢发生变化做评估，然后对存在生物样本中特定的化合物进行分析。

在代谢组学研究中，非靶向分析通常是首选，因为它可以提供无偏向性、高覆盖度的代谢物分析，这对于发现与疾病或生物学过程相关的代谢关系非常重要。但是非靶向方法分析的样本组成复杂、分析重复性不是很好且定量分析的线性范围也受限。靶向代谢组学通常在验证环节中使用，也可以对感兴趣的化合物进行绝对定量分析。三重四极杆质谱结合 MRM 模式是靶向分析中的经典方法，具有较高的灵敏度、专属性和出色的定量分析性能。但是该方法所能检测的化合物的数量受限于标准品的数量，即所检测的化合物必须有对应的标准品用来优化靶向分析的各种参数。

为了能够提高非靶向分析的灵敏度、专属性和定量能力，同时提高靶向分析所检测的化合物的数量，研究者们建立了一种新的方法，称为拟靶向代谢组学（Pseudotargeted Metabolomics）[14]。该名词是由许国旺教授课题组在 2012 年首次提出。图 1-2 为拟靶向分析的工作流程，简单来说，该方法主要包含两个部分，第一步是使用高分辨质谱仪获取碎片信息；第二步是使用三重四极杆质谱在 MRM 模式下进行离子对监测。该方法不局限于某一款特定的质谱仪，不同类型不同品牌的高分辨和三重四极杆质谱都可以用于建立拟靶向分析方法[15-17]。例如：Linear Ion Trap Quadrupole（LTQ）-Orbitrap MS（赛默飞）结合 QTRAP 5500 MS（AB Sciex）；Triple TOF 5600＋（AB Sciex）结合 QTRAP 5500 MS（AB Sciex）；安捷伦 6510 Q-TOF MS 结合安捷伦 6460 QQQ MS。拟靶向代谢组学已广泛应用于众多研究领域，包括生物标记物筛查、植物代谢组学、中医药、污染物暴露等研究。

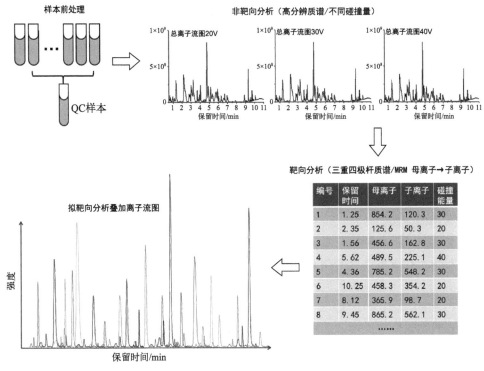

图 1-2　拟靶向分析工作流程图

1.3.2　优点

拟靶向代谢组学被认为是第二代代谢组学分析手段,将非靶向分析和靶向分析进行融合。在非靶向分析中,使用高分辨质谱仪获取精确分子量和串联质谱信息,通常一次分析可以获得几千个特征信息。但是,非靶向分析方法的定量效果远不及基于三重四极杆质谱的靶向分析方法。在靶向分析中,通常使用标准品获得 MRM 通道,这就意味着如果没有对应的标准品,则无法进行靶向分析。目前也有一些公共的数据库提供可用的 MRM 离子通道信息,但是如果使用不同的分析仪器或分析不同类型的样本,其兼容性通常较差。而拟靶向分析方法可以作为一种替代的方法,相比于非靶向分析,拟靶向可以提供更高的灵敏度和较宽的动态范围,而且不需要进行复杂的数据预处理,例如峰提取、对齐等;相比于靶向分析,拟靶向分析可以提供更高的检测覆盖度,更广的应用范围。

1.3.3　不足

目前,拟靶向分析方法还有一些不足:

（1）由于 MRM 离子通道来自真实样本而非化学标准品，所以不能对所有被检测的化合物进行准确鉴定。

（2）所检测的代谢物的数量受限于色谱分离和质谱的扫描速率。

（3）拟靶向代谢组学作为一种半定量的方法，可应用于对绝对定量没有特殊要求的标记物发现阶段。

参考文献

[1] KHADKA M, TODOR A, MANER-SMITH K M, et al. The effect of anticoagulants, temperature, and time on the human plasma metabolome and lipidome from healthy donors as determined by liquid chromatography-mass spectrometry [J]. Biomolecules, 2019, 9 (5): 200.

[2] KIRWAN J A, BRENNAN L, BROADHURST D, et al. Preanalytical Processing and Biobanking Procedures of Biological Samples for Metabolomics Research: A White Paper, Community Perspective (for "Precision Medicine and Pharmacometabolomics Task Group" ——The Metabolomics Society Initiative) [J]. Clinical Chemistry, 2018, 64 (8): 1158-1182.

[3] LORENZ M A, BURANT C F, KENNEDY R T. Reducing Time and Increasing Sensitivity in Sample Preparation for Adherent Mammalian Cell Metabolomics [J]. Analytical Chemistry, 2011, 83 (9): 3406-3414.

[4] BI H, KRAUSZ K W, MANNA S K, et al. Optimization of harvesting, extraction, and analytical protocols for UPLC-ESI-MS-based metabolomic analysis of adherent mammalian cancer cells [J]. Analytical and Bioanalytical Chemistry, 2013, 405 (15): 5279-5289.

[5] SER Z, LIU X, TANG N N, et al. Extraction parameters for metabolomics from cultured cells [J]. Analytical Biochemistry, 2015, 475: 22-28.

[6] LU W, SU X, KLEIN M S, et al. Metabolite Measurement: Pitfalls to Avoid and Practices to Follow [J]. Annual Review of Biochemistry, 2017, 86 (1): 277-304.

[7] SIEGEL D, PERMENTIER H, REIJNGOUD D-J, et al. Chemical and technical challenges in the analysis of central carbon metabolites by liquid-chromatography mass spectrometry [J]. Journal of Chromatography B, 2014, 966: 21-33.

[8] BLAŽENOVIĆ I, KIND T, JI J, et al. Software Tools and Approaches for Compound Identification of LC-MS/MS Data in Metabolomics [J] 2018, 8 (2): 31.

[9] R MISCH-MARGL W, PREHN C, BOGUMIL R, et al. Procedure for tissue sample preparation and metabolite extraction for high-throughput targeted metabolomics [J]. Metabolomics, 2012, 8 (1): 133-142.

[10] ABDEL RAHMAN A M, PAWLING J, RYCZKO M, et al. Targeted metabolomics in cultured cells and tissues by mass spectrometry: Method development and validation [J]. Analytica Chimica Acta, 2014, 845: 53-61.

[11] LEE H-J, KREMER D M, SAJJAKULNUKIT P, et al. A large-scale analysis of targeted metabolomics data from heterogeneous biological samples provides insights into metabolite dynamics [J]. Metabolomics, 2019, 15 (7): 103.

[12] BECKONERT O, KEUN H C, EBBELS T M D, et al. Metabolic profiling, metabolo-

mic and metabonomic procedures for NMR spectroscopy of urine, plasma, serum and tissue extracts [J]. Nature Protocols, 2007, 2 (11): 2692-2703.

[13]　KIM H K, CHOI Y H, VERPOORTE R. NMR-based metabolomic analysis of plants [J]. Nature Protocols, 2010, 5 (3): 536-549.

[14]　ZHENG F, ZHAO X, ZENG Z, et al. Development of a plasma pseudotargeted metabolomics method based on ultra-high-performance liquid chromatography-mass spectrometry [J]. Nature Protocols, 2020, 15 (8): 2519-2537.

[15]　SHAO Y, ZHU B, ZHENG R, et al. Development of Urinary Pseudotargeted LC-MS-Based Metabolomics Method and Its Application in Hepatocellular Carcinoma Biomarker Discovery [J]. Journal of Proteome Research, 2015, 14 (2): 906-916.

[16]　ZHANG J, ZHAO C, ZENG Z, et al. Sample-directed pseudotargeted method for the metabolic profiling analysis of rice seeds based on liquid chromatography with mass spectrometry [J]. Journal of Separation Science, 2016, 39 (2): 247-255.

[17]　CHEN S, KONG H, LU X, et al. Pseudotargeted Metabolomics Method and Its Application in Serum Biomarker Discovery for Hepatocellular Carcinoma Based on Ultra High-Performance Liquid Chromatography/Triple Quadrupole Mass Spectrometry [J]. Analytical Chemistry, 2013, 85 (17): 8326-8333.

第 2 章

代谢组学的基本操作

非靶向代谢组学以发现为目的，通过全面检测生物样本中的代谢物，寻找与疾病或药物作用等相关的内源性小分子，从代谢角度为我们了解生命活动提供参考。非靶向代谢组学目前应用较为广泛，本章就以非靶向代谢组学为例，介绍实验的主要流程和相关的注意事项。

2.1 样本前处理

2.1.1 简介

非靶向代谢组学通常都需要进行大样本量的分析，因此需要操作快速且重复性好的样本前处理方法。同时这些方法还需要能够覆盖到尽可能多的代谢物，包括从水溶性的糖类到脂溶性的甘油三酯，因此对于一些化合物来说，提取的回收率并不是很好。

目前没有任何一种方法或检测平台可以检测到样本中所有的代谢物，因此在非靶向代谢组学方法开发时，我们所建立的方法要保证用尽可能少的检测手段或平台去检测到尽量多的化合物，同时也要满足一定的精密度和准确度的要求。

代谢组学研究通常针对复杂基质样本进行分析，如血样，尿样，动植物组织等。由于受到检测方法的限制以及代谢物信号响应的影响，在进行代谢组学分析时通常对样本量有一定要求，比如组织样本 $10\sim100\text{mg}$，细胞数量 $10^5\sim10^7$，生物液体 $10\sim250\mu\text{L}$。实验所需的样本量也取决于化合物在特定方法下的检测限。例如，在脂质组学中，少量的（$10\sim30\mu\text{L}$）血清或者血浆样本完全可以满足对主要磷脂类成分的检测，但是如果要像检测痕量的脂质过氧化物或者维生素 D 的代谢产物，则需要 $250\mu\text{L}$ 左右的样本。由于受到生物样本量的限制，我们很难在代谢组学研究中使用有限的样本进行方法优化，寻找一个最有效率的提取方法。

不同的代谢组学研究对样本前处理的要求不一样，但是在几乎所有方法中首先要进行的就是去除样本中存在的蛋白质，因为这一类大分子的存在会严重影响检测的精密度、准确性，同时也会对仪器的寿命造成影响。在以发现为目的的非靶向代谢组学和脂质组学研究中，为了保证代谢物检测的覆盖面，生物样本在分析前的前处理步骤越少越好。因此，研究者们通常使用一些没有选择性的前处理方法如有机溶剂沉淀蛋白质（如血清或血浆样本前处理）、样本稀释（如尿液样本前处理）等。在靶向代谢组学研究中，样本前处理时，经过有机溶剂沉淀蛋白质之后，还会接着做液液萃取或者固相萃取来进一步去除基质的干扰，从而达到对目标代谢物的分离和富集的目的，这些操作可大大提高检测的灵敏度和动态范围。对于非靶向和靶向代谢组学来说，样本前处理的最后阶段都是溶剂挥发（富集代谢物）和提取物复溶（使用和流动相互溶的溶剂）。

脂质组学是代谢组学的一个分支，在样品前处理时如果使用多步溶剂提取或者两相溶剂提取要比使用单独溶剂提取的效率高。但是提取步骤的增加会延长前处理操作的时间，这就减少了实验时处理样本的数量，尤其在大样本量的实验研究中，实验的通量会大大降低。通常，代谢组学研究和脂质组学研究的样本前处理方法都是分开的。

2.1.2 极性代谢物的提取

在代谢组学研究中，最常用的样本前处理方式是有机溶剂沉淀蛋白，接着使用高速离心或者超滤技术移除沉淀。使用有机溶剂进行蛋白沉淀，可以帮助我们同时提取亲脂性和亲水性化合物，但是所提取的代谢物的回收率则受提取溶剂或混合提取溶剂的性质以及溶剂/样本比例影响。

根据能斯特分配定律可以得出，如果使用相同溶剂对样本进行连续提取可以提高提取效率，并且使提取更加完全，但是，已报道的代谢组学研究中，很少见到用同一种溶剂连续对样本进行提取的操作。研究者们更喜欢用有机溶剂进行一步提取的原因主要有两个，第一是缩短前处理时间以达到高通量分析的目的；第二是为了避免过多地提取出不需要的代谢物。例如，使用甲醇作为提取溶剂对血浆进行一步提取，血浆中的甘油三酯和胆固醇酯类化合物不会被完全提取，但是，这些化合物的提取量已经可以被仪器检测到。说明进行一步提取后的提取液中仍然包含着大量的其他成分（如磷脂类）可能影响质谱的分析，还可能降低色谱柱（如气相色谱柱）的寿命，所以如果针对样本中某一类成分进行研究，则需要对提取物进行进一步的纯化。

在代谢组学样本前处理过程中，代谢物的损失是不可避免的，原因包括：与蛋白类大分子共沉淀；代谢物不能溶于提取溶剂或者在提取溶剂中的溶解度较差；由于代谢物在样本中的含量太高而引起的溶剂饱和等。总的来说，以上这些影响都是由样本的基质决定的，这也是为什么在代谢组学研究中，我们会针对不同的生物样本建立不同的提取方法。

在使用有机溶剂进行蛋白沉淀的方法中，可以使用蛋白移除率、代谢物的覆盖面以及精密度等参数对方法的好坏进行评价。以人的血浆为例，有研究指出使用乙腈或者丙酮可以达到较好的蛋白移除效果，但是如果使用甲醇，甲醇/乙腈，甲醇/乙腈/丙酮混合溶剂，可以有效地提高代谢物覆盖面[1]。对于血清样本而言，研究指出丙酮和甲醇可以有效地移除大分子蛋白，如果使用甲醇或者乙腈则可以有效地提取样本中的极性代谢物[2]。

对于大样本量的分析来说，由于需要大量的人工操作，这种以使用有机溶剂进行蛋白沉淀的步骤可能会降低整个实验的通量。因此，近期很多公司都推出了使用 96 孔板模块进行自动蛋白沉淀的装置，如 Captiva（安捷伦）、HyperSep（赛默飞）、Sirocco（沃特世）、Protein Precipitation Filter Plate（Supleco）等。先将生物样本加入 96 孔板，然后加入有机溶剂（如甲醇、乙腈/水、甲醇/水等）进行蛋白沉淀；接着将 96 孔板加盖，混匀，然后将板放入真空装置过滤沉淀的蛋白；滤液被收集到一个新的 96 孔板中，收集好的滤液可以用来直接进行进样分析，也可以进行进一步的处理（如挥干溶剂或者冻干）[3-5]。这些 96 孔装置也可以和多种固相萃取柱相连，用来对提取物进行进一步纯化，如去除磷脂类化合物，或者从生物液体中分离特定内源性代谢物或者药物及其代谢成分等。

还有一种可以完成自动蛋白沉淀的技术是湍流色谱（TFC）。可以使用此项技术在不经过任何前处理的情况下对生物样本进行分析，样本可以直接注入大粒径填料（25～50μm）填充的色谱柱 [如（0.5～1）mm×50mm 内径] 中，使用高流速（1.5～5.0mL/min）进行洗脱，在柱子中产生湍流的效果。在一个很短的洗脱时间内（约 0.5min），蛋白类物质被冲出，而小分子化合物仍然保留在湍流色谱柱中，之后小分子洗脱液被转移到常规色谱柱中进行进一步分离分析[6]。将使用甲醇进行蛋白沉淀和使用湍流色谱进行样本前处理之后的提取物进行对比，发现经质谱检测后得到的代谢轮廓图有很大差异，特别是脂质类物质，使用湍流色谱后，脂质类化合物的强度减少至原来的 1/10 左右[7]。

2.1.3　脂质的提取

脂类的提取主要使用由 Folch[8] 和 Bligh-Dyer[9] 提出的通用方法，通常会在溶剂使用量和分析基质上做一些改变。Folch 的方法为使用氯仿/甲醇（2：1，体积比）作为提取溶剂，而 Bligh-Dyer 的方法则使用氯仿/甲醇（1：2，体积比）作为提取溶剂，接着加入 1 体积的氯仿和 1 体积的水。氯仿的毒性较大，所以也可以使用毒性较小的二氯甲烷来代替。在使用这些传统的方法时，目标组分收集过程可能会有一些问题产生，因为目标组分在两相溶剂的下层，收集提取液时需要将枪头穿过上层溶剂进入下层溶剂进行吸取，可能会使提取物受到污染。这个问题可以使用甲基叔丁基醚（MTBE）作为提取溶剂进行解决，将甲醇和MTBE（1：5.5，体积比）加入血浆中，接着加入 1.25 倍量的水使其分层[10]。分层之后，脂类化合物存在于密度较小的有机溶剂中，处于上层，因此使得收集提取溶液变得很容易。另外，相比于氯仿，MTBE 毒性很小。这种方法被证明可以提取大多数的脂类化合物如磷脂酰胆碱（PC）、神经鞘磷脂（SM）、磷脂酰乙醇胺（PE）、溶血磷脂酰胆碱（LPC）、神经酰胺（Cer）、甘油三酯（TG），且有较高的回收率。

最近研究发现，使用 Bligh-Dyer 方法和 MTBE/甲醇进行样本前处理时，对于溶血磷脂酸（LPA）和磷脂酸（PA）类化合物的回收率较低。相比于传统的 Bligh-Dyer 方法，向 Bligh-Dyer 提取系统中加入 0.1mol/L 的盐酸可以将 7 种 PA 类化合物的提取回收率提高约 1.2 倍，同时可以将 6 种 LPA 类化合物的提取回收率提高 15 倍。同时，在此方法中也并未观察到由于盐酸的加入而对磷脂类化合物产生水解作用[11]。有研究者建立了一种自动的方法用来提取血浆中的脂类化合物，且方法中也未使用毒性较大的氯仿[12]。在此方法中，血浆首先与丁醇/甲醇（3∶1，体积比）溶液混合，接着用两相溶剂庚烷/乙酸乙酯（3∶1，体积比）进行提取。对于主要的脂类物质（TG、PC、SM、Cer、LPC），此方法可以获得与 Folch 类似的回收率。

使用丁醇/甲醇（1∶1，体积比）对血浆样本进行处理，可以更高效地对脂类化合物（包括甾醇、甘油酯、甘油磷脂和鞘脂等）进行提取[13]。此方法所使用的溶剂与常用的液质联用的初始洗脱梯度相互兼容，因此提取液可以不用再进行溶剂挥发和复溶的步骤而直接进行质谱分析。使用甲醇、乙腈或其与水的混合溶剂进行蛋白沉淀也可以用来进行样本前处理，但是相比于经典的 Bligh-Dyer 方法，相当一部分的脂类化合物的提取效率非常低。也有研究指出在对血浆中的脂质进行提取时，如果使用异丙醇来进行蛋白沉淀，可以获得较高的回收率。固相萃取（SPE）也一直被用于分离脂类化合物。有研究就使用类似 96 孔板的固相萃取板分离血浆中的胆汁酸类和脂氧化物类化合物[14]。通常，SPE 常被用来去除影响液质分析的杂质，或选择性地提取某一类需要深入研究的脂类化合物。

2.1.4　同时检测亲水性和亲脂性代谢物

在使用液液萃取方法如甲醇/氯仿/水或者 MTBE/甲醇/水提取样本时，提取溶剂会分为两相，一相中含有非极性代谢物（如脂质），另一相中包含极性代谢物。在任何一种两相溶剂提取方法中都会存在一个问题，就是一些跟基质有关的中等极性的代谢物将会被分别溶解在亲脂性溶剂和亲水性溶剂中，而在每一相中溶解的比例会受到基质组成的影响。举一个简单的例子，受试者空腹和餐后血液中的甘油三酯含量差异会很大，这种差异可能会使两亲性化合物从亲脂相溶剂转移入亲水相溶剂。但是如果在实验中，待测样本的基质组成没有很大偏差的话，是可以针对某一类基质进行方法优化的，如优化复溶溶剂或复溶的混合溶剂，以及用 LC-MS 的条件等来扩大检测到的代谢物的覆盖面。如果想要排除基质的干扰的话，将亲脂性和亲水性代谢物同时检测将会大大提高检测到代谢物的数量及其检测的覆盖面。

有研究者使用高效液相色谱小瓶的内插管来对样品进行两相溶剂提取，通过离心使提取溶剂分层，上层为非极性代谢物，下层为极性代谢物，在不对二者进行进一步分离的情况下，通过调节 LC-MS 进样针的位置来分别对上层和下层提取物进行检测[15,16]。需要注意的是，当使用 MTBE/甲醇作为提取溶剂时，如果需要重复进样，需要快速操作，因为相比其他溶剂，MTBE 非常容易挥发。在此方法中，两亲性的酰基肉碱类化合物在两相溶剂提取液中都可以检测到。在 MTBE/甲醇/水提取系统中，短链（2～10 个碳）酰基肉碱类化合物主要存在极性溶剂中，而长链（12～20 个碳）酰基肉碱类化合物则主要出现在非极性溶剂中。为了可以在一次 LC-MS 进样中同时分析短链和长链酰基肉碱类化合物，有研究者将提取液的上层非极性化合物和下层极性化合物以体积比 2：1 的比例混合，之后挥干溶剂，复溶之后进行 LC-MS 分析[17]。

　　一般来说，两相溶剂提取样本之后，对两相提取物分别用 LC-MS 进行检测可以显著地提高代谢组学和脂质组学的检测覆盖面。对于一些常用的样本如血液、动物组织等来说，亲脂性溶剂中通常含有不同的脂类成分，覆盖了从长链酰基肉碱类化合物和磷脂类化合物到酰基甘油和胆固醇酯类化合物；而亲水相溶剂中则包含有亲水性的脂类化合物如短链酰基肉碱类化合物以及其他亲水性代谢物（如氨基酸、有机酸等）。

2.2　样本检测

　　液质联用具有分辨率高、选择性好、高通量等特点，被越来越多地应用于代谢组学研究中。本节将以液质联用为主要对象介绍样本检测过程中的仪器设置及注意事项。

2.2.1　质谱分辨率和质量精度

　　液质联用（LC-MS）通常按照质量分析器以及联用方式的不同进行分类，常见的包括：单四极杆，三重四极杆（QQQ），飞行时间（TOF），四极杆飞行时间（Q-TOF），离子阱，线性离子阱（Linear ion trap quadrupole，LTQ），静电场轨道阱（Orbitrap），线性离子阱-静电场轨道阱（Linear ion trap quadrupole-Orbitrap，LTQ-Orbitrap）等。

　　在靶向代谢组学中，通常使用三重四极杆质谱。因为靶向代谢组学是针对某一些特定的化合物进行定量检测，而 LC-QQQ/MS 在 MRM 扫描模式下对化合物进行定量分析（如药代动力学研究）已非常普遍，所以使用此方法可以达到更高的灵敏度和选择性，获得更准确的定量分析结果。在非靶向代谢组学研究中，需要选择高分辨质谱进行数据采集，因为高分辨质谱可以提供所检测化合物的精确分子量，同位素分布等信息，有助于化合物的鉴定。

何为高分辨？首先了解一下分辨率，分辨率就是指质谱仪区分两个质量相近的离子的能力。这个区分能力也有不同的定义，如 10% 峰谷分离，50% 峰高出的峰宽等。

以 H 为例，低分辨质谱测得的 H 的分子量为 1，而高分辨质谱测得的 H 分子量为 1.007825。以 C_2H_4，CO，N_2 为例，这三者在低分辨质谱中测得的分子量均为 28，也就是说低分辨的质谱没有办法根据分子量将三者分离；但是使用高分辨质谱测得三者的分子量分别为 28.0313，27.9949，28.0061，可以将三者分开。

在非靶向代谢组学中，由于生物样本中化合物的组成非常复杂，所以要用高分辨的质谱仪，以达到尽可能多地检测到化合物的目的。常用的高分辨质量分析器有 TOF 和 Orbitrap，以及它们与其他质量分析器的联用形式如 Q-TOF，Q-Orbitrap，LTQ-Orbitrap 等。

可以简单认为，分辨率越高，区分离子的能力越强，即能够区分离子在很细微的分子量上的差异。但请不要将分辨率和质量精度混淆，两者不一样。有一个简单的类比，低分辨质谱对比高分辨质谱就类似于普通天平对比十万分之一天平一样，精密天平可以区分物质质量的细微差异，但是天平称出的质量准确与否，取决于天平在使用之前是否进行了校正。

高分辨率质谱有区分分子量细微差异的能力，但是测得的分子量准确与否，则要看质谱的质量精度了。分辨率和质量精度不一样，高分辨质谱也会有质量偏差很大的情况。

什么是质量精度？质量精度指的是质谱测得值和理论值之间的误差。常以 mDa 或者 ppm 表示。

举个例子：$C_6H_{12}O_6$ 理论精确质荷比为 180.0634，如果测得质荷比为 180.0631，则误差为 $180.0631 - 180.0634 = -0.0003Da = -0.3mDa$，或者 $(180.0631 - 180.0634)/180.0634 = -1.67 \times 10^{-6}$ 即 $-1.67ppm$。

那么，如何保持较高的质量精度呢？所有的高分辨质谱在使用之前都需要对质谱仪进行校正，这个校正其实就是校正质谱的质量轴。就像我们使用十万分之一天平时用一个标准砝码对天平进行校正一样，质谱的校正也是使用一系列已知分子量的物质（覆盖了从低到高的质量范围）对其进行校正。可以接受的偏差通常为 2ppm，校正的频率依实际情况而定，Q-TOF 质谱大多数一周校正一次，Orbitrap 质谱校正的频率稍低一些。此外，几乎所有的 Q-TOF 质谱除了在检测之前进行质量轴校正外，在质谱运行过程中还需要对质谱进行实时校正，以确保分析过程中的质量准确度。

在非目标代谢组学中，代谢物的鉴定通常依赖精确分子量、同位素分布等信息，仪器的软件通常可以根据采集到的质谱图对其元素组成进行推测，方便化合物的鉴定，推测的前提就是质量精度要高，所以在质谱使用之前一定要对其进行校正。

在代谢组学文章发表时，都需要列出已鉴定化合物的检测分子量的误差，这个通常需要自己计算，计算方法如上所述。这里介绍一个计算精确分子量的网站（http：//www.chemcalc.org/），如图 2-1 所示。

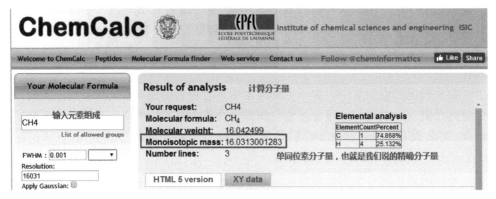

图 2-1　精确分子量计算网站

此外，高分辨质谱的数据处理软件如 MassHunter，MassLynx，Xcalibur 等，都有类似的功能。

2.2.2　质谱扫描模式

（1）Full scan　全扫，代谢组学研究中最常用的采样方法，在样品采集过程中碰撞池不加能量或加很小的能量（小于 5V，不同的仪器设置不同），用以获得代谢物离子的高分辨一级质谱图。

（2）Target MS/MS　在此工作模式下，碰撞池施加能量，对选定的目标离子进行串联质谱分析，获得二级质谱图。目标离子的选择需要手动进行，即需要在方法编辑时定义目标离子的质荷比以及保留时间等信息。

（3）DDA　即数据依赖型扫描（data dependent acquisition），此外，IDA（information dependent acquisition）、auto-MS/MS 等指的也是这一扫描模式。在这种工作模式下质谱仪可以自动地在 full scan MS 和 MS/MS 采集之间进行切换，即质谱仪可以自动对目标离子进行碎裂，获取二级质谱图。与 target MS/MS 不同的是，目标离子的选择过程是自动的，即研究者需要在样本检测之前就设定一些筛选标准，最常见的筛选条件是设定强度阈值，选择强度最高的几个离子（Top-n）进行碎裂。

（4）DIA　为数据非依赖型扫描（data independent acquisition），主要包括以下几种技术，即 all-ion fragmentation（AIF）（赛默飞 orbitrap 系列质谱），

MS^{all}，MS^{e}（沃特世 Q-TOF 系列质谱）等。在此工作模式下，碰撞池的能量在低能量和高能量之间切换，低能量获取离子的一级质谱信息，高能量获取离子的二级质谱图。整个过程也是自动的，与 DDA 不同的是，该模式不对离子做预先的筛选，即在某一时刻所检测到的所有离子都会被高能量打碎。

（5）SWATH　全称为 sequential windowed acquisition of all theoretical fragment ions，属于 DIA 技术的扩展。在此工作模式下，扫描范围被划分为以某一固定宽度（如 25Da）为间隔的一系列连续的区间，通过高速扫描来获取扫描范围内全部离子的碎片信息。赛默飞 Orbitrap 质谱中的 DIA 模式与该采集模式类似。图 2-2 为三种获取离子碎片信息的方法对比。

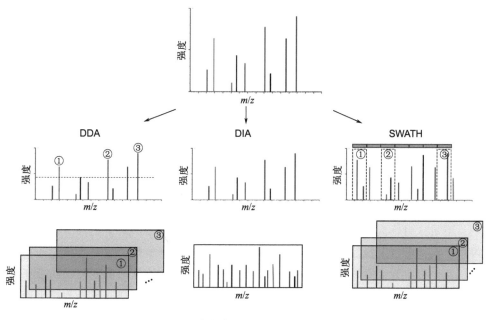

图 2-2　不同质谱扫描模式的示意（彩图）

2.2.3　扫描模式对比

2.2.3.1　Full scan

在传统的以质谱为分析平台的非靶向代谢组学研究中，首先使用高分辨质谱在 full scan 扫描模式对待测样本进行一级质谱信息采集；原始数据经过数据预处理（包括峰的提取，对齐，归一化等）之后进行统计分析用以筛选感兴趣的离子（生物标记物）。在鉴定代谢物时，将选择感兴趣的离子作为目标母离子进行串联获取其碎片信息，通常需要多次进样来获取全部生物标记物的碎片信息。

不足：操作流程繁琐，从代谢物筛选到鉴定是一个需要消耗大量的时间和样本的过程，而且过程基本上依靠人工完成，包括母离子信息录入、碎片信息的查看等。

随着质谱仪器在灵敏度、质量精度以及扫描速度等方面的发展，传统的非靶向代谢组学研究在代谢物的定性定量方面也随之有很大提高。市面上的 Q-TOF 质谱分辨率通常在 35000FWHM 和 60000FWHM 之间，最新一代的 Orbitrap 质谱的分辨率可以达到 1000000FWHM。Orbitrap 质谱通常可以提供比 Q-TOF 质谱更高的分辨率，但是由于其需要较长的累积时间，使得 Orbitrap 质谱在最高分辨率模式下不适合对短时间（窄色谱峰）内的大量共流出化合物进行定量分析。而 Q-TOF 质谱往往具有较高的扫描速度，最高的可以达到 1 秒钟采集 100 张质谱图。

此外，当离子淌度（Ion mobility）与 Q-TOF 相连时，为质谱仪提供了另外一个维度的分离，有利于同分异构体的分离分析，以及对复杂生物样本进行分析。同时分析中获得的碰撞截面（collision cross-sections，CCS）数值也可以辅助化合物的归属和鉴定。

2.2.3.2　DDA

之前已经提到，DDA 可以同时获得被测代谢物的一级质谱和碎片信息，母离子的筛选主要依靠研究者预先设定的条件，如信噪比、同位素分布、离子强度等。该方法由于采用了较窄的 m/z（通常约为 1Da）窗口进行目标离子筛选，可有效排除干扰离子，因此可以为研究者提供高质量的代谢物碎片信息。

不足：目标离子的筛选是一个随机的过程，强度较高的离子更容易被选择成为目标离子进行二级质谱信息获取。所以，分析复杂样本时，该方法分析的重复性较差，有时候会有采样不足的情况出现，即 MS/MS 信息的覆盖率较低。在此情况下，当有价值的离子不能满足目标筛选条件或者与很多强度较高的离子共流出时，这些感兴趣的离子便不能被选择进行碎裂。

此外，如果获取较多的离子的碎片信息，就会造成一级质谱的总离子流图采样点不足，如果未使用高速扫描的高分辨质谱进行分析，那么采样点不足就会导致无法较好地完成定量实验。目前已有大量的研究致力于获取更多化合物的碎片信息，以及得到高质量的 DDA 串联质谱图。

2.2.3.3　DIA

DIA 主要是通过高低碰撞能量的交替采集，在低能量时获取离子的一级质谱，高能量获取碎片信息。不预先对母离子进行筛选，理论上能够更加全面地获取所有离子的碎片信息。

不足：如果在同一时间共流出离子较多的情况下，无法直接将低能量一级质谱图和高能量碎片离子进行解析，即没有办法知道二级质谱图中的碎片来自于哪一个特定的母离子。数据的解析通常需要专业的分析软件。

如图 2-3 所示，DDA 由于采用了较窄的 m/z 窗口，得到的二级质谱图（蓝色）并未受干扰离子影响，并且与标准品的二级质谱图（红色）有很好的匹配度；DIA 由于在同一时间有较多离子与目标离子共流出，加之并未预先进行筛选，所有的离子都被碎裂，因此得到的串联质谱图（黑色）峰比较复杂，由于有其他母离子碎片的干扰，如果不借助软件解析，很难与标准品进行匹配。研究表明，如果与离子淌度联用，DIA 可以得到较为干净的碎片信息，有助于化合物的鉴定。

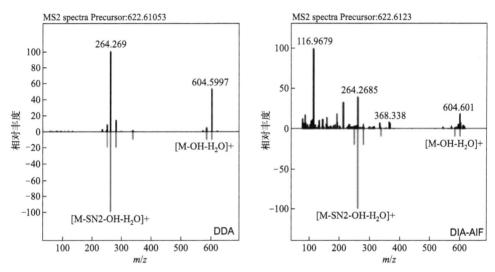

图 2-3　DDA 和 DIA 质谱图比较[18]（彩图）

MS2 spectra Precursor—串联质谱图的母离子

2.2.3.4　SWATH

SWATH 属于 DIA 的一种，将检测的质量范围分为以某一宽度为单位的多个连续的区间，然后对区间内所有离子进行串联质谱分析获得其碎片信息。由于采用了相对于传统 DIA 较窄的 m/z 窗口，因此可以获得较为干净的二级质谱图。但是在同一个区间出现的多个离子，虽然都可以被打碎，但是得到的二级质谱图会被叠加在一起。

如图 2-4 所示，DDA 由于筛选窗口较窄，可以得到两个母离子的碎片信息；SWATH 扫描时，由于两个目标离子在一个质量区间，因此二者的碎片离子重合在一张质谱图中；AIF 中，对整个质量范围内的离子都进行碎裂，二级质谱图也比较复杂。

由于可以获得所有检测到的离子的碎片信息，DIA 技术被广泛应用于蛋白组学研究中，多肽提供准确的定量分析信息。那 DIA 的研究方案可不可以应用在代谢组学以及脂质组学中呢？这个问题需要思考，因为非目标的代谢组学和蛋

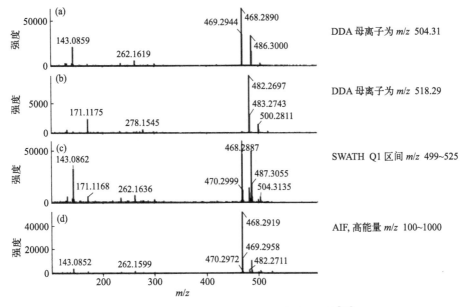

图 2-4　DDA、DIA 和 SWATH 质谱图比较[19]

白组学在实验操作上并不完全相同。虽然在原始数据的获取上，两种组学存在相似之处，但是在数据处理和对数据解释时二者有很大不同，蛋白组学多数依赖基因组学提供的信息以及计算机模拟的谱图数据库。而在代谢组学研究中，如果想模拟生物体内所有代谢物的信息是非常困难的，原因有二：①我们对一些代谢物的认识还很有限；②我们没有办法准确地模拟复杂的生物环境以及代谢物发生反应的条件。随着质谱技术的发展，以及相关数据处理软件的开发，将使得 DIA 技术也越来越多地应用于代谢组学研究中。

简单总结如下。

MS/MS 覆盖率大小：DIA＞DDA；

MS/MS 质谱图质量：DDA＞SWATH＞DIA。

2.2.4　如何选择扫描模式

现在许多的质谱仪器都提供多种扫描模式供使用者选择，例如 full scan，DDA，DIA，MRM 等，应该如何选择合适的扫描模式，这也是初学者经常问到的一个问题，本节就根据笔者以往经验，做一个简单的总结。

对于靶向代谢组学来说，由于其需要对所检测的化合物进行准确定量，因此通常选择的扫描模式为多反应离子监测（MRM），可以进行这一扫描的仪器主要为三重四极杆质谱，另外四极杆结合线性离子阱质谱也可以完成这一扫描。对于非靶向代谢组学而言，可供选择的扫描模式就比较多。非靶向代谢组学需要使用高分辨的质谱仪对样本进行信号采集，以达到尽可能多地检测到代谢物的目的，同时高分辨的质谱数据提供了准确的分子量也有助于代谢物的鉴定。对于扫描模式的选择，可根据分析的目的粗略分为以下两类：

（1）进行标记物筛选　这也是所有非靶向代谢组学的目的，这时需要选择 full scan 模式对样本进行检测。因为只有 full scan 才能提供样本的总离子流图，在代谢组学数据预处理时，软件需要针对总离子流图进行峰的提取、对齐以及归一化，用来生成供后续统计分析使用的数据集。当然，这里也可以使用含有 full scan 信息的其他扫描方法，也就是说，如果其他扫描方法也可以提供总离子流图，那么也可以选择。例如 Waters Q-TOF 的 MSe 扫描模式，这一扫描模式在数据采集时，通过高低碰撞能量的切换，同时采集一级质谱和串联质谱信息，在得到的图谱中包含总离子流图（Function 1）和碎片离子（Function 2-n）的信息。但是在选择这种方法时，一定要确保接下来所使用的数据预处理软件可以处理该类数据，如配套 Marker Lynx 和 Progenesis QI 是可以处理 MSe 采集的数据的。

不论使用哪种软件进行数据预处理，总离子流图是必须要提供的，因此可以提供总离子流图的扫描模式都可以选择，当然也要看后续的软件是否可以对数据进行处理。上述方法中 full scan 最为保险。

（2）采集二级碎片用于化合物鉴定

① 只获取感兴趣的离子的二级碎片，即通过数据分析之后，选择了潜在的生物标记物，想获得某一特定标记物的二级碎片。这时可以选择"Target MS/MS 模式"，在方法编辑时，输入该化合物的保留时间、质荷比以及碰撞能量，分析样本，获得其碎片信息。这一方法需要对样本进行二次分析。

② 一次分析，同时获得 MS 和 MS/MS 信息。常用的方法有 DDA 和 DIA，具体 DDA 和 DIA 的功能特点可以参看 2.2.3 相关内容。

如果分析的样本数量不多，可以选择第一种方法，数据分析之后对感兴趣的离子进行碎片信息的获取。如果是大样本分析，由于原始数据采集时间较长，要考虑到样本长时间存放所造成的代谢物降解等问题，如果要选用第一种方法的话，可能需要重新配制样本再进行检测，操作耗时虽不长，但是步骤繁琐。这时，可以考虑选择第二种方法，一次扫描同时获得一级质谱以及碎片信息，数据分析结束后，可以在得到的二级碎片列表中查找标记物离子的碎片信息。

但是，第二种方法并不能获得所有离子的高质量的二级质谱图，因此现在也有很多研究致力于改善这一情况，即提高二级质谱图获取率，提高串联质谱图的质量等。因此，这一步中扫描模式要根据实验的具体情况进行选择。实验中只有常规的流程，并没有"完美"的方法，根据实际情况做出调整，方便自己的研究，使得到的结果更能反映事实的真相。

2.3 数据预处理及统计分析

非靶向代谢组学流程中，第一步对样品进行前处理，提取代谢物；之后使用
MS 或者 NMR 对这些代谢物进行检测获取原始数据；原始数据经过数据预处理
之后转换成可供下一步数据分析的数据矩阵，通常在这个数据集中行数对应样本
的个数，列数对应变量（代谢物信号）的个数。接着，对数据集进行数据分析，
包括数据预处理和统计分析，最终获得代谢标记物。本节就对数据分析的一般流
程进行简单总结。

2.3.1 数据预处理

数据预处理的主要目的是将质谱采集的原始数据转变为可供统计分析的数据
集，主要包括峰提取、对齐、归一化、缩放等，通常使用与仪器配套的商业软件
或者开源软件完成。从 QC 样本数据开始，通过 QC 样本数据的表现来评价系统
的稳定性，同时辅助数据筛选。QC 样本通常混合等量的所有样本来配制（非靶
向代谢组学），或样本中添加已知的标准品来充当（靶向代谢组学）。在这一步
中，不能满足要求的变量（质谱信号）将会从数据集中排除。

下一步则是对缺失值（missing value）进行评价。在代谢组学研究中，由于
技术以及样本的原因可能会包含大约 20% 的缺失值，大量缺失值的存在以及不
同缺失值填充的方法已被证明会对接下来的统计分析产生影响。常用的缺失值过
滤方法为"80% 规则"[20]。此外，MetaboAnalyst 网站（http://www. metaboan-
alyst. ca/MetaboAnalyst/）也介绍了几种缺失值填充的方法，可以进行参考。

在数据前处理中，还包括去除由系统不稳定引起的干扰信号，消除操作的误差
等步骤来为下一步统计分析提供更加可靠的数据集。每一步的操作都有不同的方法，
同时也有不同的顺序组合。不同的数据前处理方法也会对统计分析的结果产生影响。

2.3.2 常见的方法学考察的方法

混合相同体积或质量的所有的样本制备 QC 样本，然后按照与检测样本相同
的前处理方法来处理 QC 样本，之后进样进行 LC-MS 检测。样本检测时，通常
在检测最开始运行几次 QC 样本用来平衡系统，之后根据所检测样本的数量在每
隔几个样本之后检测一次 QC 样本（图 2-5）。对 QC 样本的原始数据进行数据预
处理得到数据集，通过分析 QC 样本数据集来完成方法学考察。

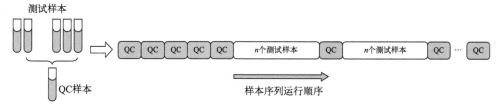

图 2-5　QC 样本的制备和采集

方法学考察方法归纳如下。

① 最早使用的一种方法，从 QC 样本的总离子流图中选择具有代表性的离子峰（覆盖不同的保留时间，不同的强度）。在所有 QC 样本检测的谱图中提取这些离子，计算这些离子的保留时间以及强度的相对标准偏差（RSD），用 RSD 的数值来考察分析方法的稳定性以及重复性。

② 所有样品检测完之后，收集所有的 QC 样本的原始数据进行数据预处理，包括峰提取，对齐，归一化等，经过数据过滤（如"80％规则"）之后，计算剩下的离子的峰面积在所有 QC 样本中的 RSD 值。通常如果在一个样本中有超过70％的化合物的 RSD 值小于/等于30％，则证明该方法有良好的稳定性以及重复性，所得到的数据可靠。文献报道也有不同的评价标准，比如要求 LC-MS 数据 RSD 小于20％，GC-MS 数据 RSD 小于30％等[21]。图 2-6 中柱状图表示化合物在不同 RSD 范围内的百分比分布，折线图表示在不同 RSD 范围的累计百分比。

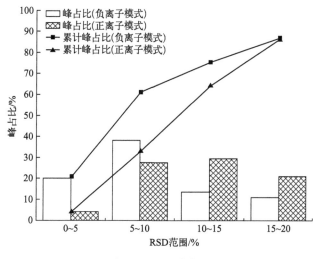

图 2-6　RSD 分布图

③ 原始数据经过数据预处理之后，将所有样本进行 PCA 分析，在得分图中观察 QC 样本的聚集程度。由于 QC 样本是等量混合了所有的被检测样本，理论上 QC 样本包含了所有样本中的代谢物，因此 QC 样本应该分布在原点附近。图2-7 中 QC 样本紧密聚集，证明方法稳定，重复性良好。

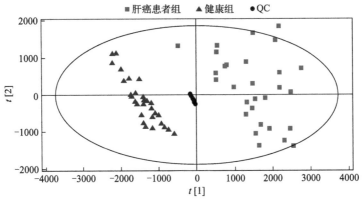

图 2-7　QC 样本主成分分析图

④ 采用混合标准品作为 QC，该 QC 通常包含不同物理化学性质的体内和体外代谢物。检测结束后，计算这些化合物的保留时间以及峰面积的 RSD 用于对分离分析方法进行评价。

2.3.3　统计分析

第一步为非监督多元统计分析，通常使用 PCA。使用非监督分析有以下几个目的：①直观地观察被分析样本有无天然的分组；②检查异常样本即处于置信区间之外的样本点；③揭示研究中存在的隐藏的偏向性；④展示样本分类的细节信息。

这一步分析可以看作是一个数据质量控制的过程，如果样本点在得分图中根据样本的分组展现出一定程度聚集，则证明数据的质量可信度高。此外也可以在 QC 样本点被移除之前，通过观察 QC 样本点的空间分布来判断数据的质量，如果 QC 样本点紧密聚集则证明数据质量高。

在 PCA 分析之后，我们需要去除异常值，因此数据集的大小将会有所改变。通常来源于分析过程中，由于操作偏差引起的异常值都需要从数据集中删除，但是，有些时候这些异常值可能并不是由于操作误差引起，可能代表了数据中一些新的发现，则这些数值需要保留用作进一步分析。

第二步可能进行单变量统计分析，来筛选在不同组别中差异有统计学意义的变量。单变量统计分析在数据分析时，数据之间相互独立；多变量分析则考虑数据之间的相互作用和相关性，因此二者可以提供不同层面的数据信息。

使用单变量分析为多元统计分析进行数据预先筛选是一个有争议的操作，一些研究者不建议这种筛选方式，另一些则推荐使用此方法。单变量分析通常被用在有监督分析之后，来检测通过有监督分析选择出的标记物在不同组别之间的差异有无统计学意义，这也是目前应用较多的方式。

第三步是有监督的多元统计分析，用以选择对样本分类贡献较大的变量即筛选标记物。这一步可以作为数据分析的最后一步，或者在这一步之后接着做单变量统计分析来检测所筛选的化合物的差异有无统计学意义。需要注意的是，有监督模型建立之后需要进行模型的验证，如置换检验（permutation test，PLS-DA），交叉验证（cross-validation，OPLS-DA）等。

以上就是数据分析的一个常用流程，其中第二步通常有争议，目前多数都放在有监督分析之后，检查所选标记物的差异有无统计学意义。代谢物的鉴定和归属可以在数据分析结束之后进行，也可以在数据分析之前进行，在分析之前进行可以帮助我们选择唯一变量（即去除加合离子、碎片离子等）进行分析。

2.3.4 代谢组学中常见的统计图

2.3.4.1 主成分分析（PCA）

如图 2-8 所示，PCA 得分图（左），用来看样本天然的分组情况，在分析时不预先设置任何分组信息。图中每一个点代表一个样本，样本在空间中所处的位置由其中所含有的代谢物的差异决定。PCA 载荷图（右），用来寻找差异变量。图中的每一个点代表样本中所检测到的一个化合物，距离原点越远的点被认为对样本的分类贡献越大。

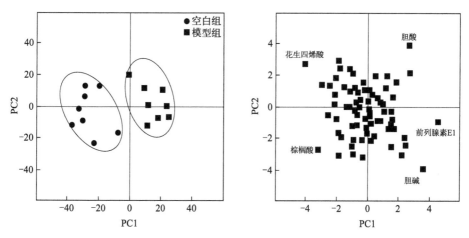

图 2-8 PCA 得分图（左）和载荷图（右）

2.3.4.2 偏最小二乘判别分析（PLS-DA）

如图 2-9 所示，PLS-DA 的得分图和载荷图的解释同 PCA。区别在于，PLS-DA 在分析时提前赋予每个样本分组信息，简单地说，就是在分析时根据预设的分组情况扩大组间差异，减少组内差异，多用来寻找标记物即对分组贡献较大的化合物。

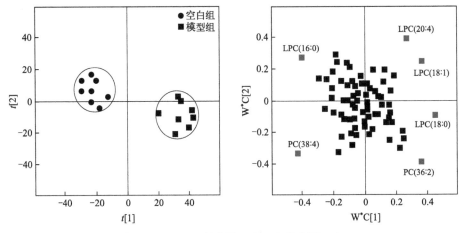

图 2-9　PLS-DA 得分图（左）和载荷图（右）

2.3.4.3　正交偏最小二乘判别分析（OPLS-DA）

在 OPLS-DA 分析中，寻找标记物通常使用 S-plot。如图 2-10 所示，得分图（左）中，两组样本分布在 y 轴两侧，通过 S-plot 可以获得标记物在两组中相对含量的变化。也就是说，处在 S-plot 右上角的化合物（距离原点越远，对分类贡献越大）在得分图右侧的样本中含量较高，反之亦然。

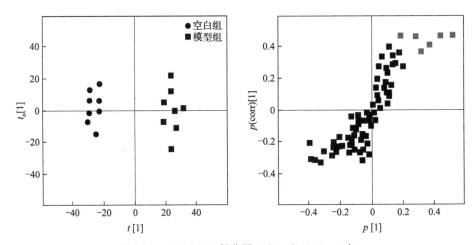

图 2-10　OPLS-DA 得分图（左）和 S-plot（右）

2.3.4.4　热图（heatmap）

如图 2-11 所示，图中每一行代表一个化合物，每一列代表一个样本。绿色代表该化合物在样本中含量较低，红色代表含量较高。通过此图，可以直观地看出化合物在每个样本中以及样本间的变化趋势。

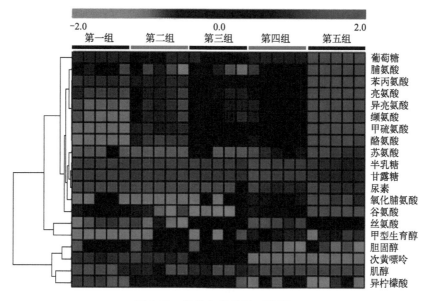

图 2-11 聚类分析热图（彩图）

2.3.4.5 代谢通路分析图（pathway analysis）

在对化合物进行鉴定之后，可将化合物名称输入 MetaboAnalyst 软件进行代谢通路分析，来观察体内哪些代谢途径受到了影响。在图 2-12 中，p 值越小，$-\lg(p)$ 越大，通路影响值越大，证明该条代谢通路上代谢物被影响的程度就越大。

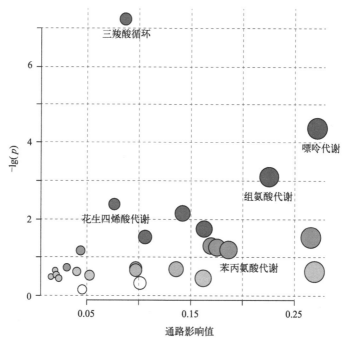

图 2-12 代谢通路分析气泡图（彩图）

2.3.4.6 相关性分析（correlation analysis）

此分析可用来寻找化合物之间在数值上的相互关系，如图 2-13 中红色表示正相关，黄色表示负相关。

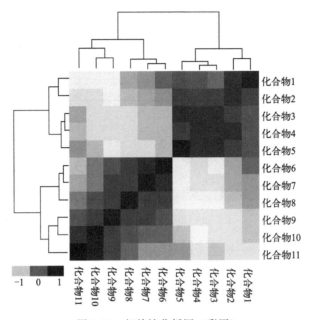

图 2-13 相关性分析图（彩图）

2.3.4.7 ROC 曲线

用来评价选出的标记物的诊断能力，图 2-14 中 AUC（曲线下面积）越大，诊断能力越好。

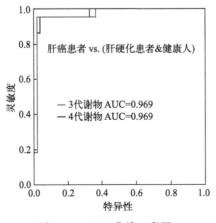

图 2-14 ROC 曲线（彩图）

2.3.5 代谢组学中常用的数据处理软件

2.3.5.1 Mass Profiler Professional（MPP）

为安捷伦公司代谢组学数据预处理的数据分析软件，功能强大，常规的数据分析都可以实现。用于 MPP 软件分析的数据格式为 .cef 格式，该格式的文件需要使用 MassHunter 软件生成。使用 MassHunter 软件对安捷伦公司质谱所采集的原始数据进行色谱峰提取，解卷积，积分，缺失值过滤等操作，之后将生成的列表直接导出为 .cef 文件进行后续分析。

常见的统计分析，该软件都可以完成，包括主成分分析，偏最小二乘判别分析，聚类分析，方差分析，代谢通路分析等。

2.3.5.2 MarkerLynx

沃特世公司生产，作为 MassLynx 软件的一个模块，可以对沃特世公司仪器采集的数据进行数据预处理（色谱峰提取，对齐，解卷积），生成供接下来统计分析的数据集。生成的数据集可以导入 EZinfor 软件进行统计分析，该软件其实就是将 SIMCA 内嵌到了 MassLynx 里。

2.3.5.3 Progenesis QI

数据兼容性较强的一款数据预处理软件，它可以处理市面上几乎所有常用高分辨质谱仪产生的原始数据，包括沃特世、安捷伦、赛默飞等品牌质谱原始数据，其中与沃特世仪器得到的原始数据兼容性最好，无须经过数据转换和加载插件。该软件可以识别由沃特世仪器在 MSe 状态下得到的数据。

该软件也可以进行简单的统计分析，如方差分析，聚类分析，主成分分析等。但是如果实验室中使用了沃特世高分辨质谱仪，并且购买了 EZinfo 软件的话，由 Progenesis QI 产生的数据集可以直接导入进行分析。如果使用的是其他厂家的仪器，那么得到的数据集可以导入其他第三方软件进行后续的统计分析。此外，该软件可以联网进行代谢通路分析。

2.3.5.4 Sieve

赛默飞公司早期的一款数据预处理软件，可以识别热电旗下所有高分辨质谱仪产生的数据。数据预处理之后，也可进行简单的统计分析，如主成分分析，方差分析，绘制火山图等。也可将该软件产生的数据集导入其他统计软件进行更为深入的统计分析。现在多数使用 Compound Discoverer 软件，功能更加强大。

2.3.5.5 MetaboAnalyst

一款免费使用的网络软件，功能强大，可以进行数据预处理和数据统计分析。该软件需要使用者自己准备符合要求的数据集，不能对仪器产生的原始数据进行识别，因此需要与仪器配套的软件对原始数据进行处理得到可供分析的数据集。

该软件可对数据集进行缺失值过滤，归一化，数据转换等操作；同时该软件还包含几乎所有的常用统计分析方法以及代谢通路分析[22]。

2.3.5.6 SIMCA

代谢组学中最常用的统计分析软件，后边将对软件的基本操作进行简单介绍。

除此之外，还有一些开源软件可以帮助我们进行数据预处理和统计分析，例如 MS-DIAL、mzMine 等，在后续章节也将对这几个软件的基本操作进行概述。

2.4 生物标记物的筛选

2.4.1 从统计图上来选择

通常，我们可以在多元统计分析（如 PCA 和 PLS-DA）的载荷图上筛选对样本分类贡献较大的变量。在图中，我们可以选取距离原点较远的点作为潜在的生物标记物。此外，如果是两组比较，也可以通过 OPLS-DA 的 S-plot 进行标记物筛选。选择分布在 S-plot 两端的变量作为标记物，同时可以参照 Score plot 来观察变量在不同组别的相对含量高低。

2.4.2 通过数值来选择

PLS-DA 分析之后，通过 VIP 值的大小来筛选变量，通常选择 VIP 值大于某个数值（如 VIP>1 或者 VIP>2 等）。由于每一个主成分都会有一个 VIP 值，有的文章选取 VIP1 和 VIP2 同时大于某个数值的变量来作为标记物，利用 Venn 图来取二者的交集。

t 检验，或者方差分析来选择差异具有统计学意义的变量，$p<0.05$ 或 $p<0.01$。利用倍数变化（fold change）大于某一数值（FC>1 或者 FC>2 等）用来进一步对标记物进行筛选。也可以利用 p 值和 FC 值经过数据转换后绘制火山图（volcano plot），从图中选择化合物。

2.4.3 其他

删除 VIP 值在负置信区间的变量；通过相关分析筛选与功能明确的代谢物呈现明显正相关或者负相关的化合物；通过网络分析，选择与其他化合物联系最紧密的标记物。

2.5 化合物鉴定

2.5.1 选择目标离子

质谱几乎可以检测所有的离子，加上其本身高灵敏度和高通量的特性，质谱检测结果中包含了丰富且复杂的信息，我们需要从所得到的质谱信息中去粗取精，找到感兴趣的离子。然后对获得的信息进行分析，使用软件推断元素组成，通过数据库检索对化合物进行归属或鉴定。在选择目标离子时，我们可以按照以下原则进行筛选。

(1) 完整的色谱峰　当一个化合物在质谱和其他检测器（如紫外检测器）上都检测到一个完整的色谱峰时，这个峰我们要重点关注。可以查看这个特定的保留时间内流出的化合物，这时需要考虑不同分离系统、不同检测器之间的保留时间漂移。一张总离子流图的平均质谱图包含了该色谱峰中所有目标离子以及背景离子的信息。对这张质谱图中所包含的质谱信号进行离子提取，观察提取离子流图（EIC），便可对这些信号进行判断，了解这些峰是来源于目标离子还是背景干扰。

通常，来源于背景离子的提取离子流图会有异常的色谱峰，表现出以下特征：没有清晰的色谱轮廓，信号存在于整个保留时间范围内且强度变化不大，见图 2-15 (a) 中 m/z 279 的 EIC；色谱峰比普通的色谱峰宽很多且不对称；或者强度过载或保留时间不一致等。背景离子来源包括样本基质，溶剂污染（如细菌生长），浸出物（如塑化剂），色谱柱降解，样本残留以及交叉污染等。

背景离子也可能来源于数据转换时的电子噪声或一些失真的信号，这些噪声的数量和性质取决于所使用的质谱系统。通常，它们的信号呈现出尖峰（一个数据点，在提取离子流图中呈现三角形，见图 2-15 (a) 中 m/z 227 的 EIC），会有相同的质荷比和强度。对于化合物鉴定来说，我们需要鉴定的质谱信号需要在色谱峰范围内多次出现且强度超过质谱系统的固有背景离子的强度。

在质谱图中，目标离子通常会出现多个信号。除了同位素分布之外，加合离子、源内裂解以及二聚体也常常出现在质谱图中 [图 2-15 (b)、图 2-15 (c)]。质谱图中经常出现的加合离子有 Na^+，K^+ 和 NH_4^+（正离子模式），以及 Cl^-，CH_3COO^-（负离子模式）等。一些研究也为我们总结了质谱分析中常见的干扰信号和加合离子形式[23,24]。

通常来说，大分子（分子量大于 1500Da）在进行质谱检测时，会有多电荷的情况出现，但是如果一个小分子含有多个容易电离的官能团时，我们也会观察

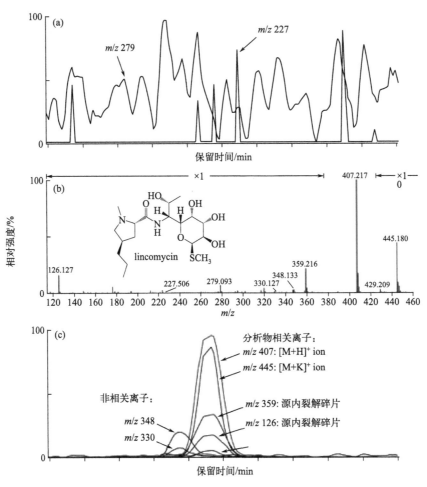

图 2-15　背景干扰信号提取离子流图（a），林可霉素在保留
时间范围内的平均质谱图（b）和提取离子流图（c）

到它有多电荷产生，这时它的质荷比就会在低质量端出现。例如，一个带有双电荷的离子，它的质荷比对应的数值是 [M＋2H] /2，我们可以通过观察质谱峰的同位素分布来确定其是否为双电荷，即同位素分布中，前两个同位素峰相差 0.5Da 而不是 1Da。

（2）其他检测器辅助　有时由于目标离子的浓度低于仪器的检测限，或目标离子在当前情况下并未电离或共流出物太多引起电离被抑制等情况的出现，使得目标离子信号不会出现在质谱图中。若目标化合物未被电离，我们可以使用其他检测方式，例如紫外检测器信号，来确认某一个未在质谱中出峰的化合物是否存在。然后，我们就需要从以下方面做出调整来解决电离困难的问题，包括电离模式（正离子模式或负离子模式），离子源类型，溶剂系统（pH 值、添加剂等），样本前处理，衍生化等。

（3）逐一进行峰对比　不同样本之间，对谱图中的峰进行逐一比较常应用于找寻某一特定化合物的代谢物或降解产物。通过与空白样本对比，与目标化合物相关的产物的质谱信息就可以从化合物干预组的样本中提取出来。在分析复杂基质的样本时，这种方法比只进行背景扣除更为有效。但是相比于非目标的化合物找寻，这种目标为导向的方法由于只关注了与某一特定化合物相关的已知代谢途径的代谢物，因此会丢失一些未知的代谢途径上的产物信息。

（4）同位素过滤和质量亏损过滤　同位素过滤和质量差异过滤，也可以用来去除背景干扰以及选择性地排除不感兴趣的离子。同位素过滤是一个非常简单且有效的技术，现已整合在多数质谱仪器的数据处理软件中。该功能可以过滤掉不符合特征离子同位素分布（如 Cl，Br，S 等）的背景干扰。质量亏损是指元素或分子的精确质量与其整数值之间的差异，该方法常应用于分析药物的代谢物。由于代谢物精确分子量的小数部分的变化通常与其母体化合物有关，所以通过过滤与其母体化合物类似的质量亏损，可以帮助研究者去除大量的背景干扰。

（5）子离子扫描和中性丢失扫描　用于搜索已知母体化合物常见的子离子或中性丢失，也可以用于在复杂基质中寻找与某一化合物有关的化合物离子的信息。这种检索可以在很多不同类型的质谱仪器上以不同的方式进行，其中高分辨质谱在高低碰撞能量切换扫描下同时获得一级质谱和串联质谱数据，可以为我们提供更为丰富的信息。在高能量信息中，通过对母体化合物常见的子离子进行提取，可推断该子离子的母离子与母体化合物有一定联系，该离子的母离子可以在低能量下的质谱图中找到，且保留时间相同。同样，通过提取特征的中性丢失碎片产物进行提取，也可以帮助我们寻找其对应的母离子。

2.5.2　确定元素组成

目标离子选定之后，首先对其质谱图进行分析，确定质谱信号是来源于质子化的离子，还是其他加合离子（Na^+，K^+ 等）形式。然后通过高分辨质谱获得的精确分子量来确定目标化合物的元素组成。现在多数仪器制造商所提供的数据分析软件都有这一功能，但是也有很多实验室为了提高推测结果的准确性，会使用自己开发的软件。

根据所得到的精确分子量以及定义的含有某些原子的最大最小的数量，软件会给出一个元素组成的列表。需要注意的是，用来推测元素组成的分子量必须是精确分子量（单同位素分子量，monoisotopic mass）。在定义潜在含有的原子数量时，我们需要对所检测样本有一定的了解，对样本了解得越多，对元素的选择越精确。一些元素的同位素分布有一定的特点，如 Cl，Br，S 等，可以通过观察目标离子质谱图的同位素分布来推断是否含有这些元素。

在使用 ESI 离子源时，一些离子也可能来源于源内裂解（in-source fragmentation）或者来源于离子源区的反应（如氧化和还原）等，在这种情况下，目标化合物的准分子离子峰很有可能不是质谱图中的主峰［图 2-16（a）］。这些加合离子以及源内裂解的离子的种类主要取决于离子化的条件，如流动相的选取和锥孔电压（cone voltage）等。相对于质子化的离子来说，Na^+，K^+ 加合离子会产生较少的碎片，因此可以通过观察质谱图中有没有含有 Na^+，K^+ 加合离子来判断目标离子是否来源于源内裂解的碎片。在样本浓度较高时，质谱图中会出现目标化合物的二聚体［图 2-16（b）］，质荷比为 $[2M+H]^+$，改变碰撞能量或者锥孔电压，可以帮助我们区分二聚体离子和质子化的离子，或者将其转化成质子化的离子，减少二聚体离子的形成。

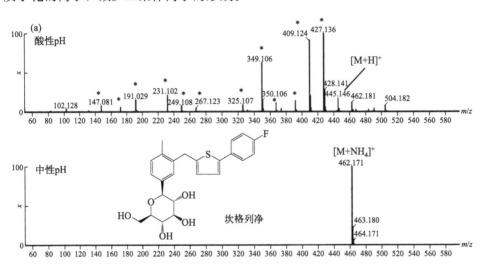

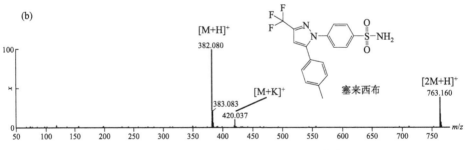

图 2-16　不同 pH 下坎格列净（canagliflozin）的质谱图（a）和
塞来西布（celecoxib）的质谱图（b）

　　质谱的质量精度越高，软件所推测的元素组成越准确，越有利于我们了解待鉴定的化合物。但是，即便是质谱的质量精度＜1ppm，仅依靠精确分子量来推断化合物的元素组成还是不够的。化合物的分子量越小，软件所能推测出的元素组成也越少。由于碎片离子的分子量相对较低，所以也可以通过推测一个化合物的子离子的元素组成来减少所推测的候选元素组成的数量。最终，我们通过推测不同子离子的元素组成来获得其母离子的元素组成。也可以通过待测化合物质谱的同位素分布来推测元素组成。元素组成计算的软件通常可以对给出的理论同位素分布和观测到的质谱的同位素分布进行比对，给出分数来评价二者的相似性。不同的元素组成会有不同的同位素分布，因此可以通过对比寻找化合物可能的元素组成。

对于大气压电离（如 ESI，APCI 等），产生的离子都是偶电子离子，通过与"氮原子规律"结合，可以帮助研究者对候选的元素组成进行过滤。比如，一个化合物的准分子离子峰的质荷比为偶数，则这个化合物应该含有奇数个氮原子；若质荷比为奇数，则这个化合物可能不含氮原子或含有偶数个氮原子。

2.5.3 碎片离子的获得

尽管可以通过许多方法获得化合物的元素组成，但是相同的元素组成往往对应多个化学结构。若要从这些结构中确定出待测物的准确结构，化合物的二级质谱或者多级质谱可以为我们提供非常重要的结构鉴定信息。

常用离子裂解的技术有：空间串联，即在碰撞池中进行（三重四极杆质谱，Q-TOF 质谱）；时间串联，即在线性离子阱或者三维离子阱中进行。需要注意的是，不同的裂解技术在对同一个化合物进行碎裂时，由于其碎裂机理不同，使用这两种方法得到的二级质谱图也会有一定的差异。

在进行碎片离子获取时，需要非常认真地选择母离子（通常为质子化的离子或去质子化的离子），同时定义碰撞能量，能量的大小决定了母离子碎裂的程度。在分析复杂样本时，如果要获得较高的离子选择性，需要减小质荷比的隔离窗口（选择母离子的质荷比范围），将这个窗口缩小到只允许目标离子被选中进行碎裂。因为在分析复杂样本时，如生物样本（药物代谢物鉴定，代谢组学分析，食物以及植物的分析等），许多化合物会同时进入质谱被检测，如果隔离窗口设置较宽的话，这些化合物可能同时被碎裂，所得到的质谱图无法归属碎片离子来自于哪一个母离子。

如果目标化合物中含有一些具有特征同位素分布的元素（如 Cl，Br 等），扩大隔离窗口可以在所得到的谱图中观察到完整的同位素分布。但是，隔离窗口的宽窄直接影响子离子的信号强度，窄隔离窗口可以提供较高的母离子选择性，但是会导致子离子的信号强度降低，信噪比较低，这也不利于化合物结构的鉴定。因此，在确定隔离窗口的宽度时要平衡母离子的选择性和子离子的信号强度，特别是在复杂样本分析时要尤为注意。

时间串联，即根据特定的质荷比施加辅助电压，符合条件的母离子被选择与离子阱内的气体进行碰撞，产生碎片。改变辅助电压，继续选择符合条件的碎片离子进行进一步碎裂，产生三级碎片 MS3。这一过程可以一直循环，产生多级碎片 MS*n*。空间串联，即在第一个质量分析器（如四极杆）中，母离子被选择，送入碰撞池与气体进行碰撞产生碎片。处于碰撞池中的任何离子包括产生的碎片离子都会被活化进行碎裂，这一过程中，可以施加较宽范围的碰撞能量。高的碰撞能量和较长的碰撞池可以诱发离子的多重碎裂。施加的碰撞能量的大小取决于通过碰撞池的离子的动能，以及碰撞气体的类型，常用的碰撞气体有氮气，氦气，氩气等惰性气体。因此，使用不同的质谱系统或者在不同的碰撞气体下获得的质谱图往往会在碎片离子的种类和强度上有很大不同。

串联质谱分析之前通常需要了解目标离子的基本信息，因此碎片离子的获取要分为两步：首先获得待测物的质荷比信息，然后进行串联质谱分析获得待测离子的碎片信息。在过去的实验中，这一操作通常需要多步独立的实验才能完成，第一次实验，样本经过色谱分离进入质谱检测，通过观察质谱图，选出目标离子。接着，进行一次或多次串联实验获得目标离子的碎片信息。近来，DDA 和 DIA 技术的发展和普及也为我们获取碎片信息提供了更加方便的策略。

如前所述，时间串联质谱分析可以产生多级碎片离子，可以利用生成的质谱信息构建质谱信息树帮助我们对化合物的结构进行解析。由母离子产生子离子，某一个子离子被选中进行下一次碎裂，这一过程循环进行就产生了层层递进的子离子碎片，通过对这些子离子碎片进行结构鉴定最终推测出母离子的结构。

在空间串联质谱分析中，高选择性的多级碎裂很难实现，但是研究者们也开发了一些替代的方法。例如，增加锥孔（或者喷嘴/截取锥）电压会引起离子发生源内裂解，这些碎片可以被四极杆选择进入碰撞池进行碎裂，就产生了模拟 MS3（pseueo-MS3）的多级质谱图。一些 Q-TOF 质谱与离子淌度分离相结合，将离子漂移管加在两个碰撞池之间，这类仪器可以产生模拟 MS4（pseudo-MS4）的多级质谱图。

2.5.4　关于代谢物的鉴定

代谢物的鉴定是代谢组学研究中很重要的一个环节，也是最常被问起的一个环节。很多问题都集中在如何准确鉴定化合物上，其实百分之百的鉴定是一个很困难的过程，尤其是对未知的或者未被报道的化合物来说，通常需要研究者来合成标准品或者分离纯化标准品，因为代谢组学生物样本量的问题，很难像植物化学研究那样去分离纯化获得足够量的标准品做光谱质谱的分析。

代谢物的鉴定是一个非常严格且需要对鉴定结果进行验证的过程，但是，关于什么才是有效代谢物鉴定的问题还在讨论中，也尚未达成一致的意见。因此由化学分析工作组提出的代谢组学标准倡议（the metabolomics standards initiative，MSI）将代谢物的鉴定归为以下四个层次（4 Levels）。

Level 1　鉴定的化合物；

Level 2 推断的化合物（如：没有化学标准品，基于物理化学性质或者与数据库的相似性进行鉴定）；

Level 3 可推断化合物类别的代谢物（如：基于某一类化合物的物理化学性质或者与已知化合物的图谱比对进行鉴定）；

Level 4 未知的代谢物。

我们应该针对以上四个级别对自己文章中的化合物鉴定进行归类。表 1-1 中，学者又在此基础上增加了 Level 0 用来描述对代谢物进行分离纯化之后的鉴定结果。代谢物的准确鉴定是我们都想达到的目标，但是在实际实验过程中由于各种条件的限制，加之通常代谢组学实验中通过统计分析找到的生物标记物少则都有十几个，因此很难达到这一目标。从上边的分类中，我们知道只有 Level 1 的化合物鉴定是百分之百完全鉴定的，需要使用化合物的标准品在相同的实验条件下比对两个或两个以上正交的实验数据。其他的都是暂时的推定，这也就是为什么我们在发表的文章中看到作者在描述化合物鉴定时通常会用"putatively/tentatively identified as···"。

如果没有标准品比对，我们最常用的就是数据库检索，按照上述分类的定义，这种比对与数据库中记录谱图的相似性来进行的化合物鉴定属于 Level 2。Level 3 为判定化合物的分类，即如果不知道该离子是哪个化合物，可以根据其谱图的特点，来对该离子进行分类，如多数 LPC 类的化合物都有特征碎片 $m/z184$，$m/z125$，$m/z104$ 等，可以根据这些特征碎片对所鉴定的化合物进行分类。如果我们找到的标记物，没有标准品，数据库中也没有记载，同时也没有特征的碎片离子，可以将其标记为未知化合物（Level 4）。

代谢物的鉴定目前是代谢组学研究的一个难点，现在也有很多的研究者从自己擅长的领域出发来提高鉴定的准确性，如使用合成的衍生化试剂与代谢物中具有某一固定基团的化合物进行反应，特异性地筛选某一类化合物进行鉴定；从仪器的角度出发扩大串联质谱信息的覆盖面；使用离子淌度技术获取多维度的参数，以及利用某一类化合物的结构与漂移时间的关系对其 CCS 值进行预测；采用计算机来模拟碎片的产生等。我们需要做的是，尽我们最大的努力去保证化合物鉴定的准确性，根据以上四个分类，如实地说明我们的鉴定属于哪一层次。

2.5.5 化合物鉴定的挑战

在代谢组学研究中，代谢物的鉴定是将原始数据集转变为有意义的生物学过程的重要途径。但是，由于代谢物的鉴定过程非常复杂，且这一过程依赖于所使用的分析平台以及所检索的数据库，同时，鉴定方法的稳定性也会影响鉴定的结果，所以代谢物鉴定的可信度差异很大。可信度高的代谢物结构鉴定需要大量的精力，特别是在非靶向代谢组学研究中，因为在这类研究中经过统计学分析，可以筛选出十几个或者几十个具有重要生物学活性的化合物。质谱和核磁是两个最常用的化合物鉴定工具，可以为我们提供大量关于代谢物的信息。

在相同的分析条件下，对比目标代谢物和化学标准品的多种物理化学性质，可以帮助我们获得相对较高的代谢物鉴定的可信度。由于现有的标准品或者数据库并不能涵盖所有的代谢物，因此依靠对比高分辨的质谱数据以及保留时间，也不一定能够对化合物进行完全的鉴定。此外，对于异构体来说，虽然它们的生物功能可能差异很大，但是其分子量、保留时间及其化学位移都非常相似，使得这类化合物的鉴定非常困难。手型分离或是改变色谱柱的填充材料可以帮助我们分析异构体，但是这些方法在常规的代谢物轮廓分析中却很少使用。我们也可以通过文献报道、数据库、基因组及化学分类学的知识来寻找"可能有生物活性"的异构体，但是这些方法也不能保证百分之百准确。

我们对自己实验中报道的化合物鉴定有多少把握？代谢物是亮氨酸还是异亮氨酸？被鉴定为 PC（18：2/18：2）的代谢物有没有可能是 PC（18：0/18：4）？由于异构体的存在，我们通常会忽略代谢物鉴定的特异性。因此，为了避免误解，在文章或者实验报告中明确指出代谢物鉴定的可信度或者不确定性显得非常重要。后续章节将对化合物鉴定过程中应该提供的信息进行详细总结和说明。

2.6 代谢组学研究中常用的数据库

在基于 LC-MS 的非靶向代谢组学研究中，通过对比代谢物在不同组别中的相对强度，可筛选具有统计学意义的代谢物。高分辨质谱可以帮助我们从生物样本中提取出成百上千的离子用于之后的统计分析，每一个离子都有相应的质荷比、保留时间以及峰强度。当我们通过统计学的方法选择出感兴趣的离子之后，根据这些离子的质谱信息（精确分子量、串联质谱信息、同位素分布等）和保留时间就可以对它们进行归属和鉴定。

通常使用目标离子的精确分子量来进行数据库的搜索，在此过程中需要考虑到由于天然同位素的存在、加合离子以及源内裂解的存在而导致的多个离子对应同一个代谢物的情况。通过对这些离子进行识别和注释，也可以确定目标代谢物的精确分子量和分子式，这一过程可以帮助我们有效地减少待鉴定的目标离子的数量，以及一些由加合离子等干扰造成的归属错误。代谢组学的数据通常都非常复杂，色谱中的共流出、离子源参数的差异以及不同仪器分辨率的不同会引起离子的归属错误，这一现象仍然会影响代谢物的准确鉴定。假如将仪器检测到的每一个离子视为一个独立的个体，那么这些加合离子或者同位素离子信息也应该引起我们注意，而且目前大多数的数据库在进行化合物检索时，都可以根据个人的要求选择不同类型的加合离子进行搜索。

需要注意的是，数据库中得到的匹配结果仅仅是一个初步的离子归属，这个结果需要利用保留时间或者串联质谱信息进行进一步的验证。在没有化学对照品的情况下，检索碎片信息的匹配程度通常被认为是化合物鉴定一个有效的方法。以下就介绍一下代谢组学研究中常用的数据库。

2.6.1 HMDB 数据库 [25]

HMDB（Human metabolome database，http：//www.hmdb.ca/）是一个较为全面的网络开放获取的数据库，其中包含了人体内代谢物的详细信息。该数据库建立于 2007 年，是目前世界上最大、最全面的代谢组学数据库，截至 2023年，该数据库大约包含了 220000 个代谢物条目。HMDB 收集的信息涵盖了实验中检测到的代谢物以及生物学"预测"的代谢物，包括了它们的定量化学信息、物理化学性质、临床和生物学的信息等。其中生物学"预测"的信息是指那些潜在的可以从人类样本（如体液）中检测到的化合物，因为这些化合物的生化途径是已知的或者这些化合物是人类频繁摄入产生的等，这些化合物有可能存在于生物样本中；但是，在实际实验中，这些化合物存在与否还未得到验证。其包括二肽、药物、药物代谢物和食物的代谢物等。

对于每一个 HMDB 所记录的条目，其信息都是以一种叫作 MetaboCard 的格式进行展示。这种格式中包含了化合物在不同领域中的数据，包括临床、化学、光谱、生物化学和酶学数据等。一些化合物还提供了链接可以直接跳转到其他的数据库如 KEGG、PubChem、ChemSpider、MetaCyc、ChEBI、PDB、SwissProt 以及 GenBank 等，此外条目信息中还包括了可供查看化合物结构和代谢路径的小程序。重要的是，MetaboCard 可以以 XML 的格式进行下载，该格式可以很方便地进行解析或者导入到可以提供高级查询功能的数据库中。

HMDB 数据库中的质谱信息是很重要的资源，这些信息在最新版本的数据库中也得到了显著的改进和提升。例如，包含代谢物条目的数量从之前的114100 个增加到了 217920 个。此外，改进了对代谢物的描述增加了相关信息，增加了 9445375 高质量的谱图，包括 312980 张 NMR 谱图，1752677 张 GC-MS谱图，1440324 张 LC-MS/MS 谱图，871680 个代谢物的预测 CCS 值等。

在"LC-MS Search"菜单下，HMDB 数据库可以一次性进行 700 个母离子的检索；在"LC-MS/MS"菜单下，可以通过输入目标化合物的母离子和子离子信息进行检索，与数据库中所记录的在低、中、高三个碰撞能量下获得的碎片信息进行比对。LC-MS 和 LC-MS/MS 检索结束后，会产生一个匹配化合物的列表，该列表中的化合物可以按照质量偏差（如 ppm）或者谱图的相似性进行排序。所有的谱图都可以以 mzML 格式进行下载，该格式可用于质谱数据的交换，帮助我们收集质谱特征和采集条件等信息。

该数据库的不足之处在于串联质谱信息库中的碰撞能量和所使用的仪器类型缺乏一定的系统关联性。

2.6.2 METLIN[26] 数据库

METLIN（http：//metlin. scripps. edu/）数据库于 2004 年正式上线，是一个网络开放获取的电子数据库，旨在帮助研究者进行代谢物的相关研究，以及通过质谱分析的方法来进行代谢物的注释。截至 2015 年，METLIN 包含了超过 240000 个化合物，包含了不同来源（如植物、菌类、人体样本等）的内源性代谢物和来自药物代谢等的外源性代谢物。与 HMDB 不同的是，METLIN 包含了肽类化合物（含有三个或者四个氨基酸的短肽）。

重要的是，METLIN 数据库在三种不同的碰撞能量下（10V、20V 和 40V）系统地获得了超过 13000 种化学标准品的高分辨串联质谱信息。这些信息都是使用安捷伦公司的 ESI-Q-TOF 质谱仪分别在正负离子模式下进行采集，一共有超过 68000 张高分辨的二级质谱图，这使得 METLIN 成为了基于质谱的代谢组学研究中最大的质谱数据库之一。

研究者可以利用 METLIN 数据库进行单个质荷比搜索（Simple search）和批量搜索（Batch search），METLIN 数据库允许最大为 500 个目标离子的同时检索。搜索的结果会以一个列表的形式呈现，并以质量偏差值（如 ppm）的大小进行排序。在进行高级检索（Advanced search）时，当输入质荷比数据之后，还可以选择加合离子的类型、化学式、CAS 号以及 KEGG 编号。检索结果可以下载为 CSV 格式的文件，其中包含了数据库匹配的信息以及相应的加合离子类型、质量偏差、代谢物名称、分子式、CAS 号等信息，更重要的是还会告诉用户数据库中是否有该化合物的串联质谱信息。

METLIN 数据库还提供了串联质谱信息匹配检索（MS/MS spectrum match search），在该菜单下，研究者可以上传自己实验中获得的串联质谱数据与数据库中存储的数据进行自动比对。值得注意的是，METLIN 数据库中的质谱图可以与一些不同的质谱仪产生的谱图进行很好的匹配，其中包括了 AB 公司的 Triple TOF 5600，安捷伦的 6460 Triple Quad，赛默飞的 Q-Exactive 和 LTQ Orbitrap Velos（使用任何一种 CID 或 HCD 碰撞形式）。此外，该数据库还提供了碎片离子搜索 "Fragment similarity search" 和中性丢失搜索 "Neutral loss search"，研究者可以利用这两个功能进行碎片信息检索，即将实验中得到的碎片离子直接输入搜索框，来检索含有这些碎片或者某种特征中性丢失的代谢物。通过使用这些功能，可以根据特征的碎片离子或中性丢失对未知代谢物进行归类，例如酰基肉碱类化合物通常含有碎片离子 m/z 85.0289 和 m/z 60.0813。

该数据库的不足在于所有的数据不支持下载，必须在线查看，这也使得研究者不能使用这些二级碎片信息来开发新的检索工具或者应用工具。虽然如果实验室拥有安捷伦公司生产的质谱仪器，用户可以向生产商购买 METLIN 的数据库，但是购买的数据库并不能跟网络数据库同步更新。安捷伦的 METLIN 个人数据库（personal metabolite database，PMD）中包含有 9083 个化合物，其中 4165 个为代谢物，其他的为二肽或者三肽。而现在的 METLIN 数据库中含有大约 13000 个有串联质谱信息的化合物，以及相同比例的短肽类化合物。此外，从 2011 年开始，METLIN 在线数据库的应用程序接口（application programming interfaces，APIs）已被禁用。

2.6.3 MassBank[27]

MassBank（https：//massbank.eu/）是一个网络开放的数据库，旨在公开分享从代谢物的化学标准品得到的质谱图以方便用户进行代谢物的鉴定。MassBank 的数据主要来自日本，但也有来自欧盟、瑞士、巴西和中国的成员提供的数据。

MassBank 包含了代谢物的质谱信息以及采集情况，这些信息来自于不同的质谱仪设置，包括不同的电离技术例如 ESI60%（占总数据量的百分比），电子轰击电离源（Electron-impact Ionization，EI）31%，化学电离（Chemical Ionization，CI）2%，大气压化学电离源（Atmospheric Pressure Chemical Ionization，APCI）1.6%，基质辅助激光解吸电离（Matrix-Assisted Laser Desorption/Ionization，MALDI）小于 1.5%；同时还有来自于不同仪器厂商生产的高分辨（Q-TOF、Orbitrap）和低分辨（QQQ，ion-trap）的质谱仪采集的信息。截至 2015 年 8 月，MassBank 包含了 19000 张 MS1 谱图以及 28000 张 MS/MS 谱图，包括超过 32000 张在正离子模式下采集的谱图以及 10000 张在负离子模式下采集的谱图。

MassBank 最显著的一个特征就是它使用的被称为"合并谱图（merged spectra）"的信息，即人为地将来自于相同代谢物但是不同碰撞能量或者不同碎裂方式的碎片离子合并为一张质谱图。这样做的目的在于使鉴定的结果不再依赖于某一特定的仪器设置或者特定厂家的仪器。这些信息只占到数据库所有谱图的 2%。

数据库中，每一个条目都包含了化合物的名称、化学结构式、实验条件（如质谱条件、色谱方法、保留时间、母离子、高分辨质谱数据）以及其他数据库记录的链接。此外，用户也可以使用不同的软件对 MassBank 数据库中的信息进行修改或补充，这些软件包括了基于 Excel 的 Record Editor 用于手动创建记录，以及使用基于 C++或者 R 语言的 Mass++和 RMassBank 用于批量工作。软件可以为 Windows 和 Linux 设置本地的 MassBank 服务器。此外，如果记录获得了 Creative Commons 的许可，用户则可以下载 MassBank 数据库，编写自己的程序来访问，定制和使用它。MassBank 允许通过 Web API 来对其访问，代码及相关支持工具可以在 GitHub 网站查询（https：//github. com/MassBank）。

此外，可以使用 Java 访问和使用 MassBank 网站及其相关的功能。"Spectrum search"功能可以让用户进行串联质谱图相似度的搜索，该搜索可以单个进行，也可以批量进行。搜索的结果会显示谱图相似度的得分以及重合的子离子的个数。同时，该数据库也可以以图像的形式来对比检索的谱图和反馈的谱图之间的相似性。用户还可以使用"Quick Search"功能通过键入化合物名称、精确分子量或者化学式进行化合物搜索。但是，"Quick search"功能不可以通过输入质荷比进行化合物搜索，批量搜索的结果也只能通过邮件进行反馈。"Peak search advanced"功能可以使用户通过输入某一个特定的离子或者中性丢失的元素组成进行化合物检索，而不是输入一个特定质荷比的数值。详细的说明可以参看 MassBank 的用户手册。

MassBank 最主要的不足之处可能在于数据库中所有的记录并非经过充分的筛选，有些条目对应的信息较差或者存在错误注释的情况，有一些谱图也包含了噪声信号或者提取的效果并不是很好。近期开发的 RMassBank 通过使用 Chemical Translation Service（CTS）等网络服务上传标准品的 mzML 文件来创建高质量的和注释良好的质谱图。

2.6.4 LMSD 数据库 [28]

LMSD（LIPID MAPS Structure Database，http：//www. lipidmaps. org/data/structure/）包含了生物相关的脂质结构以及注释。该数据库包含了超过40000 个脂质的结构，这使其成为了目前世界上最大的公共脂质数据库。LMSD数据库将所有的脂质分为八个类别，每个类别又具有自己的下一级分类。所有在LMSD 数据库中的脂质化合物都被分配了一个编号。

用户可以使用"Text/Ontology-based search"功能通过输入脂质类别、常用名、系统命名、分子量、InChIKey 命名或者 LIPID MAPS 编号来进行化合物搜索。也可以使用"Structure-based search"功能通过绘制化合物结构来进行化合物检索。LMSD 中的每一个记录包含该脂质对应的分子结构，通用名和系统命名，外部数据库的链接，化合物的物理化学性质等信息。

LMSD 还包含了几种脂质类化合物的化学标准品的信息（http：//www. lipidmaps. org/ data/standards/search. html），包括保留时间的数据、带有主要子离子归属的 MS/MS 质谱图，以及一些串联质谱信息采集的仪器参数设置等信息。大多数的标准品由 Avanti® Polar Lipids 公司提供，也有一部分由 Cayman

Chemical Company 提供。其中包括 197 种脂肪酰类化合物，21 种甘油酯，242 种甘油磷脂，18 种鞘脂，38 种甾醇脂质，9 种炔醇以及 4 种巯基脂质。但是所有的串联质谱图只能以图像形式查看，这也在一定程度上妨碍了用户对这些质谱数据的进一步解析。

LMSD 所包含的质谱分析工具（http：//www.lipidmaps.org/resources/tools/index.php? tab=ms），可以通过实验中获得的母离子和子离子的数据来帮助用户推测可能的脂质结构。但是使用母离子进行检索时，用户需要选择目标离子可能属于的脂质类别（如甘油磷脂类、胆固醇酯类、甘油酯类等），当然也可以将类别全选进行检索，而且每次只能使用一个母离子进行搜索。在进行子离子检索时，用户可以将实验中的 MS/MS 数据与预测的"高概率"子离子（如侧链或者头基等）进行匹配来完成检索。

其不足表现在，每一类化合物的串联质谱图都仅对一个检测模式下的数据进行预测（正离子模式或者负离子模式），并未对两个离子模式都进行预测。而且每一类脂质化合物仅提供一种加合离子，如甘油酯类化合物只提供 $[M+NH_4]^+$ 离子。

2.6.5 LipidBlast[29] 数据库

Fiehn 实验室于 2013 年上线的一款免费的数据库，该数据库基于计算机预测的脂质类化合物的串联质谱信息来帮助研究者对脂质类化合物进行注释。该数据库包含了 212685 张 MS/MS 质谱图，涵盖了来自于 29 个类别的 119341 个化合物。其中，超过一半的数据是从 LMSD 数据库导入或者使用 LIPID MAPS Tool 来生成，覆盖了 13 个类别的脂质类化合物。

LipidBlast 数据库还包含了许多没有被 LMSD 数据库包含的细菌和植物脂质信息。该数据库使用计算机生成了 78314 个正离子模式数据和 134202 个负离子数据，同时也包含了多种加合离子的类型，如 $[M+H]^+$、$[M+Na]^+$、$[M+NH_4]^+$、$[M-H]^-$、$[M-2H]^{2-}$、$[M+NH_4-CO]^+$、$[M+2Na-H]^+$、$[M]^+$、$[M-H+Na]^+$ 以及 $[M+Li]^+$ 等。

由于 LipidBlast 数据库主要是基于离子阱的 CID 模式采集的串联质谱信息建立的，因此该数据库的不足之处在于，碎片信息模拟受到了"三分之一歧视效应"的影响，即如果一个子离子的分子量低于母离子分子量乘以 28%，则该离子不能被检测到。所以，计算机预测的串联质谱信息可能会丢失掉一些子离子的信息，例如一些甘油磷脂类化合物中的 $m/z184$ 的碎片。

2.6.6 NIST 数据库

NIST 数据库通常被认为是一个 EI-MS 数据库，但是在最新版的 NIST 数据库中也包含了 234284 张小分子化合物的 ESI MS/MS 质谱图，这些小分子包括代谢物的化学标准品、脂质以及生物活性肽等。

具体来说，该数据库中含有从 8171 个化合物中获得的 51216 张离子阱质谱图，以及来源于 7692 个化合物的 183068 张 CID 串联质谱图（包含 Q-TOF 和 QQQ 质谱检测）。值得注意的是，该数据库中包含了常见的 ESI 加合离子类型的母离子的碎片信息，除了正离子模式下常见的 [M＋H]$^+$ 和负离子模式下常见的 [M－H]$^-$ 之外，还包含了 [M＋H－H$_2$O]$^+$，[M＋Na]$^+$，[M＋NH$_4$]$^+$，[M＋H－NH$_3$]$^+$，[2M＋H]$^+$，[M－H－H$_2$O]$^-$，[2M－H]$^-$ 和 [M－2H]$^{2-}$ 等形式的加合离子数据。

很少有质谱数据库可以提供来源于不同加合离子的母离子的串联质谱图，这一点是非常有用的，因为在 ESI 电离源中，每一种化合物的主要加合离子都是不一样的，另外，流动相的差异也会产生不同的加合离子，而不同的加合物母离子产生的碎片离子也不尽相同。如图 2-17 所示，小分子葡萄糖-6-磷酸，在使用甲酸或者含有铵的试剂作为流动相添加剂时，生成的主要母离子分别为 [M＋Na]$^+$ 和 [M＋NH$_4$]$^+$ 离子，不同的母离子产生了不同的 MS/MS 质谱图。

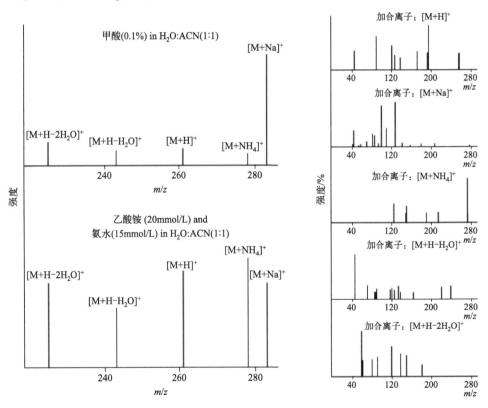

图 2-17　葡萄糖-6-磷酸的一级质谱和串联质谱

NIST 数据库中小分子质谱图的采集使用了不同的低分辨和高分辨仪器，而且使用不同类型的碰撞池在不同的碰撞能量下采集了正负离子模式下的串联质谱图。所使用的质谱仪包括：赛默飞的 Orbitrap Elite 和 Orbitrap Velos，安捷伦的 6530，沃特世的 TQD QqQ 和 Micromass Quattro Micro QqqQ，以及赛默飞的 LTQ IT/ion trap 质谱。

NIST 数据库为二进制格式，可以独立使用或者使用 NIST MS Search 软件进行数据检索。研究者可以使用 NIST MS Search 软件来检索自己实验中得到的质谱图，以及浏览匹配结果。

数据库中存储的质谱图包含了以下信息：电荷状态、分子量、分子式、化合物名称以及谱图采集参数。该数据库还提供一些特定仪器的数据格式（如安捷伦的 ChemStation 和 MassHunter 软件格式），以便于直接检索。NIST 谱图可以导出为 .msp 格式的文件，该格式可以被大多数厂商的数据处理软件所识别。此外，使用 LibNIST 数据转换软件，用户可以将自己实验中得到的谱图经过转换添加到 NIST 数据库中。因此，一些研究小组使用 NIST 数据库格式建立了一些小分子的数据库（https：//chemdata. nist. gov/dokuwiki/doku. php? id＝chemdata：start），与 NIST 数据库不同的是，这些数据库是免费的，网络开放获取的。

总体来说，NIST 数据库是一个基于 LC-MS 代谢组学代谢物鉴定的全面的质谱数据库。虽然在最新版的数据库中已经为每一个化合物都添加了 InChI 命名，但是这些数据尚不能链接到其他代谢组学数据库（如 KEGG、HMDB 等）来对化合物进行进一步的分析。NIST 数据库可以以某种方式与大多数供应商软件连接进行离线检索。

2.6.7　基于 GC-MS 的非靶向代谢组学以及常用的数据库

由于 EI 电离技术的广泛使用，GC-MS 也被广泛应用于代谢物的分析。EI 是一种硬电离技术，通常采用标准的 70eV 的高能电子与气相的原子或者分子相互作用产生离子。与 ESI 等软电离技术不同的是，在不同的检测平台上通过 EI 所获得的质谱图有高度的可重复性。因此我们可以很容易地将不同实验中采集的 GC-MS 谱图与数据库中记录的谱图进行比较来完成代谢物的鉴定。但是，不同物质的质谱图之间存在一定的相似性，质谱图在解卷积过程中会存在误差，由于化学衍生化或者色谱柱的老化和降解也会产生分析误差，这些因素使得我们单纯地依靠比对质谱图来对化合物进行注释或者鉴定面临着很大的挑战。自从 Kovatas 引入了基于脂肪碳数的保留指数（retention indices，RIs）的概念后，GC-MS 常用的数据库也引入了这一参数[30]。与 EI 质谱图相结合，RI 的使用显著地提高了化合物注释的准确性。

2.6.7.1　NIST 数据库

NIST EI-MS 数据库是目前使用范围最广，最全面的质谱数据库之一。

NIST 14 商业数据库中包含了来自 242477 个化合物的 274259 张 EI-MS 质谱图。最新版的数据库中加入了植物和人体代谢物的标准品谱图、药物以及对工业和环境具有重要作用的化合物的标准谱图，这一点证明了 NIST 在代谢组学领域的战略定位。此外，新版的数据库囊括了不同的衍生化方法获得的谱图。NIST 数据库包含了 387463 个 RI 测量值以及对应的 GC 方法，色谱柱的型号。对于那些没有测量 RI 值的化合物，数据库也给出了一个预测值，但是这个预测值的误差较大。数据库中的记录，除了质谱图以外，还包括化合物名称、分子式、分子结构、CAS 号码、贡献者的名字、峰的列表、其他常用名以及 RI 值。

用户可以使用 NIST MS Search 软件独立地使用 NIST 数据库，使用该软件对实验中获取的谱图与 NIST 数据库中的谱图进行比较，用于化合物鉴定。此外该软件还可以提供谱图解释功能，如计算分子量、估算元素组成以及简单的结构推断。NIST 数据库还可以与一些仪器厂商生产的软件配合进行化合物检索，如赛默飞的 Xcalibur 软件和安捷伦的 MassHunter 软件。

NIST 数据库所附带的 AMDIS 软件可以对复杂的 GC-MS 总离子流图进行解卷积，重新构建干净的质谱图。解卷积之后的质谱图可以通过 NIST 数据库检索和匹配来进行化合物的鉴定。AMDIS 可以读取大多数厂家的质谱仪所采集的原始数据，同时也可以读取开放格式的数据如 mzXML 和 NetCDF。

2.6.7.2　GMD 数据库

GMD (The Golm metabolome database, http：//gmd. mpimp-golm. mpg. de/) 是由马克斯·普朗克分子植物生理学研究所 (Max Planck Institute for Molecular Plant Physiology) 组织主办和开发的一个公开的 GC-EI MS 质谱图数据库。GMD 中的质谱图由一些组织成员提供，包括了使用四极杆或者 TOF 检测器得到的 GC-MS 质谱图。所有的谱图都可以免费下载。该数据库含有 1666 个化学标准品的质谱图。

由于在 GC-MS 检测时会用到不同的衍生化方法，或者有不同程度的衍生化产物等，所以一个代谢物通常会产生一系列不同的分析物，因此整个数据库中含有大约 26590 张质谱图，有超过 11680 张谱图来自于不同的分析物，有 9156 张谱图含有 RI 值。

总之，GMD 数据库目前含有超过 3500 种分析物和超过 2021 种代谢物相关的质谱图。所有的这些信息都以 report cards（类似于 HMDB 数据库中的 MetaboCard 形式）的形式储存于数据库中。同时，该数据库还为有超过 3100 个尚未鉴定但是重复被观察的离子提供了质谱标签（mass spectral tags，MSTs）。

用户可以对比 GMD 数据库中存储 GC-MS 参考谱图以及 RIs 来进行化合物的注释和鉴定。GMD 数据库可以输入质谱数据进行化合物检索，这就使用户可以使用自己实验中得到的质谱数据进行化合物的注释。

对于 GC 和 GC×GC 分析，用户可以在设定或者不设定 RI 的情况下进行查询。GMD 数据库还允许用户建立自定义的数据库作为 GMD 的一个子数据库。值得注意的是，GMD 数据库基于多种距离函数对质谱图进行比较和评分，但是对于用户来说使用哪种评分方式可以得到最好的鉴定结果，这一点尚不清楚。在检索结果中会列举与用户输入的质谱图相类似的化合物，且被选中的质谱图的对比结果也会显示在检索结果中。

此外，在 GMD 数据库包含的较为广泛的化合物质谱图信息基础上，研究者实现了一种基于机器学习的未知光谱自动注释的方法。使用 decision tree，数据库可以推断出 21 种常见的官能团（如氨基、醇、羧基等）是否存在于被检测的化合物中。因此，即使在数据库中没有与被搜索的化合物的质谱图相匹配的结果，我们还是可以根据官能团的信息给这些未知化合物进行基本的分类，方便接下来的化合物鉴定。

GMD 同样支持文本查询，用来搜索特定的代谢物、化学标准品及相应的化学衍生物、分子式、分子量、官能团、KEGG 编号等。GMD 中包含的所有化合物都会显示其物理化学性质，以及与外部数据库的链接。

2.6.7.3　The Fiehn library

The Fiehn library（FiehnLib）数据库中含有超过 2200 个 EI 质谱图和 RIs，这些信息来源于 1000 多个分子量约为 550Da 的代谢物，覆盖了包括脂类、氨基酸、脂肪酸、胺类、醇类、糖类、氨基糖类、糖醇类、糖酸类、有机磷酸盐类、羟基酸类、芳香类、嘌呤类和甾醇类等化学标准品的甲基化和硅烷化的 EI 质谱图。

FiehnLib 包含了两个分别使用四极杆和 TOF 质量分析器检测的数据库。FiehnLib Agilent 数据库使用单四极杆作为质量分析器，在全扫描模式下获取了质荷比范围在 50 到 650 之间的化合物的质谱图。FiehnLib LECO 则使用 TOF 检测器获取了分子量在 85～500Da 的化合物的质谱图。在这两种情况下都使用了脂肪酸甲酯作为 RI 标记物。由于很少有实验室使用脂肪酸甲酯作为 RI 标记物，因此需要使用复杂的计算方法将其转换回常见的 Kovats RI。FiehnLib 数据库可以与一些商业软件（如安捷伦的 ChemStation 或 LECO 的 Chroma TOF 软件）结合使用。此外，FiehnLib LECO 还可以与 SetupX/BinBase 数据处理系统联合使用，获得的结果还可以通过网络进行下载。

2.7　代谢组学活性筛选

代谢组学对小分子代谢物进行定性定量研究，通常被认为是和表型研究最接近的组学研究。虽然代谢组学常常被应用于发现和鉴定生物标记物，但是我们同样可以使用该方法来寻找影响细胞或者器官表型的小分子代谢物。

代谢组学活性筛选（metabolomics activity screen，MAS）即是将代谢组学的数据与代谢通路以及系统生物学信息（包括蛋白组和转录组等）进行整合，筛选出一系列可以用于测试影响表型功能的小分子代谢物[31]。近年来，关于使用小分子代谢物调节各种生理病理过程的文章发表呈现逐年上升的趋势，如使用小分子来调节干细胞分化、少突胶质细胞成熟、胰岛素信号传导、T细胞存活和巨噬细胞免疫应答等。这使得我们可以使用代谢组学的技术来鉴定活性小分子，并使用这些小分子来影响表型。相比于基因和蛋白质，代谢物通常比较容易获得，这就意味着MAS技术可以更广泛地应用于几乎任何生物系统的高通量筛选研究中。

通常，代谢物可以通过细胞的培养基以及通过待测生物体自身的饮食得以补充或者消除，用以调节细胞的活性并影响表型。例如，在苯丙氨酸羟化酶缺乏的苯丙酮尿症中，苯丙氨酸的代谢缺陷导致的症状只能通过从出生时严格遵守低苯丙氨酸饮食而得到改善[32]。另一个例子是烟酸（维生素 B_3），它在能量转移和维持代谢活动中起着重要作用[33]。代谢产物还可以作为代谢辅酶（如辅酶 Q10 和硫胺素），并且可以通过改变酶反应来改变表型。例如，他汀类（一类降胆固醇药物）具有抑制辅酶 Q10 内源性合成的副作用，因此辅酶 Q10 常被用为服用他汀类药物病人的补充剂，用来重新获得线粒体能量稳态[34]。

代谢组学可以提供与生理病理过程相关的代谢物的相关信息，目前大多数的研究也主要利用这些信息来发现生物标志物，以及筛选被调节或扰动的代谢路径。在 MAS 中则是研究如何利用代谢组学的数据来筛选可用于诱导或抑制生物功能的代谢物。非靶向代谢组学的主要优点在于无论是干细胞分化、免疫细胞活化、多发性硬化症中的髓鞘再生、慢性疼痛还是2型糖尿病，都是以一种无偏向的方式来鉴定与特定疾病相关的代谢物，研究者可以从代谢组学实验筛选出的内源性代谢物中识别可以调节表型的代谢物。与蛋白质或基因不同，内源性代谢物容易获得，通常价格低廉，并且具有相对简单的结构特征，这使得这一研究具有很广泛的应用前景。

我们可以设计一些流程来从代谢组学实验中筛选小分子代谢物用于活性功能研究。第一种方法最简单直接，是在数据统计分析阶段，根据统计学显著性和倍数变化来选择代谢物，这也是在非靶向代谢组学实验中筛选代谢物的常用方法。例如，在使用细胞或动物模型的比较分析中，任何具有统计显著性的代谢物如 $p < 0.001$，并且 Fold change > 2（这些值是用户定义的并且可以变化）都可以被选出进行进一步活性检测。

第二种方法是在代谢通路分析阶段，从被激活的代谢通路上选取代谢物。这种选择方法可以将受到干扰的代谢物以及在特定的感兴趣的代谢途径上的化合物筛选出来。代谢物可以在代谢路径上进行标记，并根据代谢物所参与的代谢途径的数量进行排序，筛选出具有特异性的代谢途径。

第三种方法是使用酶的抑制剂或者分子生物学的方法来影响代谢途径上的酶的活性，通过这种方法来筛选特定的代谢物。

需要注意的是，代谢物选择的过程中，除了评估统计学意义、倍数变化和途径之外，另一个重要的部分就是代谢物鉴定。现在已经创建了多个代谢物鉴定的数据库，我们可以使用精确质量数和串联质谱数据通过数据库检索推定代谢物的结构。已推定的化合物的结构需要通过与标准品比对（保留时间，精确分子量，串联质谱等信息）进行进一步确认。此外，这些化合物的变化也需要使用靶向代谢组学的方法进行准确定量，并与非靶向代谢组学的数据进行比较。这种多级验证的方法，可以最大限度地减少假阳性结果的产生。

过去，研究者们使用 MAS 以外的方法，例如细胞分离，配体结合测定和酶促反应测定等，已经发现多种可作为有效的表型调节剂的代谢物。例如 1-磷酸鞘氨醇（免疫调节），二十二碳六烯酸（DHA，认知功能），肉毒碱（生育力）和褪黑激素（睡眠）等。由于代谢组学技术可以对小分子化合物，特别是那些低浓度的小分子进行广泛检测，所以目前使用该方法来表征代谢异常的内源性小分子也受到越来越多的关注。研究者已经利用代谢组学的方法成功地筛选出了一系列对表型有调节作用的代谢物，因此，代谢组学在识别具有功能性小分子方面具有巨大的应用潜力[31]。未来，使用 MAS 来识别可以改变表型的具有生物活性的内源性代谢物将可能是代谢组学更有意义的应用。使用 MAS 筛选出的代谢物可以单独用于诱导表型反应，或与药物联合使用进行诱导。此外，MAS 还可以在维持甚至改善药物治疗结果的同时对药物剂量进行控制以及减少其副作用方面发挥巨大作用。MAS 的应用还可以扩展到疾病调节、生物膜激发或抑制、药物-暴露环境的相互作用、植物生物学和免疫治疗等方面。或许在未来，我们不再只是通过识别代谢物来理解代谢通路，还可以应用代谢物来调节生理机能，从而改变我们的常规思维。

2.8　小分子代谢物如何发挥重要功能

研究表明，具有活性的代谢产物可以对组学研究的各个层面（基因组学、表观基因组学、转录组学以及蛋白组学）产生影响。代谢物主要通过两种途径来调控 DNA、RNA 和蛋白质的功能，分别为化学修饰和代谢物-大分子相互作用[35]。

2.8.1　生物大分子的化学修饰

代谢物在生物大分子的共价修饰（DNA、RNA 的甲基化和蛋白质的翻译后修饰）中扮演重要驱动角色。这些动态的化学修饰也会对细胞的功能产生重要的影响。

图 2-18 展示了三羧酸循环中间产物在大分子化学修饰过程中发挥的作用。在蛋白的翻译后修饰过程中有至少十几种小分子参与，它们可以在酶促反应中与不同的氨基酸进行共价结合，如赖氨酸的乙酰化、半胱氨酸的棕榈酰化等。需要指出的是，乙酰化可以以非酶促反应的形式发生，但其功能尚不清楚。此外，一些代谢物还可以参与其他翻译后修饰，如精氨酸的琥珀酰化，糖基化等。

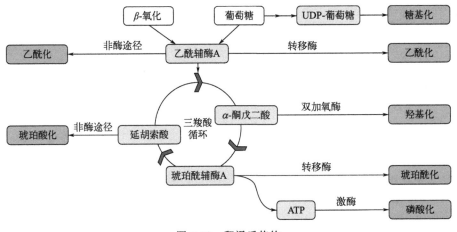

图 2-18　翻译后修饰

小分子代谢物也可以通过半胱氨酸残基的烷基化控制抗炎反应。如图 2-19 所示，亚甲基丁二酸（itaconate）是一种具有抗炎活性的小分子支链脂肪酸。itaconate 可以直接将 KEAP1 的半胱氨酸残基烷基化。KEAP1 是负责降解 NRF2（转录因子）的主要负调控因子，烷基化作用可以抑制 KEAP1 的活性，从而增加 NRF2 的活性，最终促使抗氧化和抗炎基因的表达。

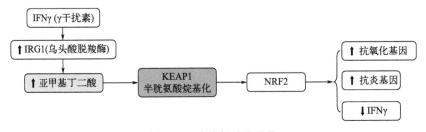

图 2-19　半胱氨酸烷基化

小分子代谢物也可以通过蛋白酶体组分的 polyADP 核糖基化修饰控制蛋白质内稳态。如图 2-20 所示，蛋白酶体 PI31 在 TNKS（tankyrase，端锚聚合酶）的作用下发生 ADP 核糖基化从而促进蛋白酶体 26S 的组装，最终促使蛋白酶体活性增加。

图 2-20　ADP 核糖基化

赖氨酸戊二酰化是小分子代谢物控制酶活性的另一个途径。图 2-21 所示，赖氨酸和色氨酸是戊二酰辅酶 A 的来源，可使尿素循环中的限速酶 CPS1 发生赖氨酸戊二酰化，降低酶的活性，导致高氨血症。

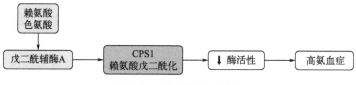

图 2-21　赖氨酸戊二酰化

此外，对于一些蛋白来说，可以通过 S-腺苷甲硫氨酸（SAM）的甲基转移来使其赖氨酸残基发生甲基化（图 2-22）。SAM 是 DNA、组蛋白和 RNA 甲基化的甲基供体，可以在基因组、表观基因组和转录组水平上调控基因表达。SAM 也可以介导一些非组蛋白蛋白质的甲基化从而调节其功能。

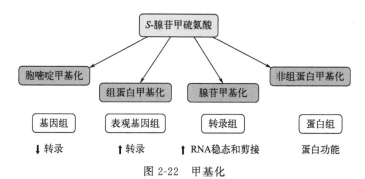

图 2-22　甲基化

甲基化是 DNA 最主要的修饰方式，过程涉及甲基从 SAM 转移到胞嘧啶，DNA 甲基化可以调节 DNA 的可及性，是基因表达的重要调节因素。SAM 以及其他的一些代谢物，如甘氨酸、丙酮酸、半乳糖和苏氨酸，也可作为 RNA 转录后修饰相关酶的辅助因子。这些 RNA 修饰可以作为传感器调控代谢速率（如耗氧量）和蛋白合成，但是他们的作用尚未完全揭示。

在酶的作用下发生的组蛋白修饰，例如赖氨酸乙酰化、赖氨酸和精氨酸甲基化以及丝氨酸的磷酸化等是表观基因组的关键控制因子，直接影响基因表达、染色体包装和 DNA 修复。

2.8.2　代谢物-大分子相互作用

代谢物与大分子的非共价相互作用是代谢物调节细胞活性的第二种模式。经典的例子是代谢物与酶活性位点的竞争结合（抑制），以及代谢物与活性中心以外的位点的结合引起酶的活性改变（别构）。这些概念不仅适用于酶，而且适用于多种调节性 rRNA、蛋白质和其他一些分子。

G 蛋白偶联受体（GPCRs）是研究最深入的可以被代谢物激活的信号分子，它们是最早被鉴定为药物靶点的蛋白质之一。小鼠的 GPR91 也被称为琥珀酸受体 1，被琥珀酸激活后可以控制血压。图 2-23 所示 GPR40（游离脂肪酸受体 1）可以被许多脂肪酸激活，例如棕榈酸羟基硬脂酸（PAHSA）激活 GPR40 来诱导钙离子传导，引起胰岛素和胰高血糖素样肽-1（GLP1）增加，从而改善葡萄糖耐受，因此，棕榈酸羟基硬脂酸（PAHSA）可用作潜在的抗糖尿病药。代谢物与这些受体的结合会引发高度特异性的信号传导，从而使得信号传导网络发生特异性的细胞活化。

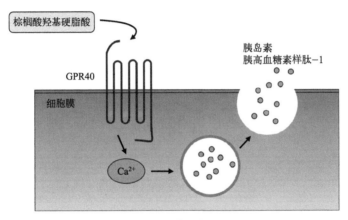

图 2-23　信号传导

代谢物也可以结合转录因子，调节基因的表达。例如图 2-24，食物中的植物雌激素会导致雌激素受体的非典型激活，该受体控制与细胞代谢和细胞增殖相关的基因表达，通过这种机制，植物激素可以干扰乳腺癌的治疗。

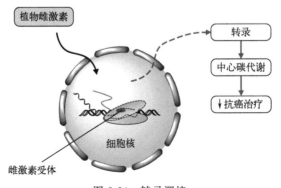

图 2-24　转录调控

在转录和翻译的水平上，代谢物可以通过核糖开关发挥作用。可以控制核糖开关的代谢物包括赖氨酸，谷氨酰胺，钴胺素，硫胺素焦磷酸（TPP）和嘌呤等。在此过程中，代谢物结合到不同的 mRNA 区域，改变 mRNA 构象并最终调节蛋白质翻译（图 2-25）。

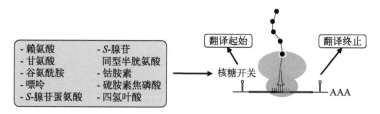

图 2-25　通过核糖开关调控基因表达

代谢物也可以促进高分子蛋白的组装。如图 2-26 所示，细菌 ATP-1-磷酸葡萄糖尿嘧啶转移酶（galF）在 ATP 存在下可以组装成多聚体（五聚体或六聚体）。

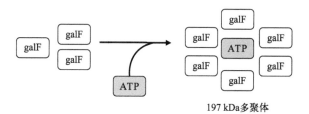

图 2-26　蛋白多聚体组装

2.9　活性小分子代谢物的筛选方法

2.9.1　小分子分离纯化法

描述：使用色谱法对复杂生物体系进行分离，获取到小分子后通过生物实验验证其活性。

优点：通用性好，可以灵活使用不同的生物实验方法。

不足：分离过程中的信号重叠可能会丢失一些重要信息。

应用：从 Trichuris suis 虫卵中鉴定前列腺素 E2 作为免疫调节剂[36]。

2.9.2　亲和选择质谱法

描述：代谢物混合物与目标酶或蛋白进行反应，通过分子排阻色谱来分离结合和未结合的成分，使用质谱对结合的成分进行表征。

优点：方法适用性好，无须蛋白固定。

不足：高度的非特异性结合可能导致筛选不准确；该方法评估的是配体的结合而不是代谢物的活性。

应用：拟南芥中蛋白质-代谢物和蛋白质-蛋白质相互作用的鉴定[37]。

2.9.3 亲和色谱纯化-质谱联用法

描述：基于亲和色谱-质谱法对蛋白质进行纯化和表征，在复杂细胞质或代谢物混合物中完成 pull-down 实验。

优点：是在某些情况下可以在体内使用的通用方法。

不足：抗体依赖性；方法评估配体结合而不是活性。

应用：麦角固醇生物合成中几种小分子伴侣相互作用的鉴定[38]。

2.9.4 热蛋白组分析法

描述：体内或体外配体与蛋白质的结合可改变蛋白质的热稳定性。

优点：通用方法，蛋白质的物理稳定性。

不足：通量较低，存在大量非特异性结合；需要代谢物的绝对浓度；结合不一定具有生物活性。

应用：鉴定 STING 和 2'3'-cGAMP 之间的蛋白质-代谢物相互作用[39]。

2.9.5 代谢物分析与生物实验相结合

描述：将代谢组学数据与生物实验（如基因沉默、蛋白抑制等）进行整合。

优点：鉴定小分子代谢物的生物活性及其作用机理。

不足：周期较长，且需要选择合适的代谢物。

应用：已应用于多种生物样本[31]。

2.9.6 综合网络分析法

描述：结合转录组学和代谢组学数据来进行代谢网络的鉴定和分析。

优点：全面的网络分析，可在系统范围内比较不同的生物学状态。

不足：转录组数据的必要性；代谢网络具有物种依赖性。

应用：整合代谢和转录数据研究巨噬细胞免疫代谢[40]。

2.9.7　流平衡分析

描述：使用计算机手段通过代谢网络计算代谢流。

优点：易于计算；无需动力学参数。

不足：基于代谢网络重建的计算机方法；仅预测稳态，不预测代谢物浓度。

应用：通过确定代谢物平衡，来研究工程微生物的行为和组成[41]。

2.9.8　代谢物富集和网络分析

描述：使用 over-representation 和 probability analysis 计算方法对代谢组学数据进行分析，以识别与表型相关的代谢通路或代谢网络。

优点：快速，可与生化相关信息直接关联。

不足：鉴定结果存在假阳性。

应用：多组学联合发现 RCC6 编码的 CSB 蛋白可以潜在地改亨廷顿（Huntington）病的 DNA 修复机制中的缺陷[42]。

2.9.9　使用大规模的多信息分子网络推断天然产物的生物活性

描述：构建已知生活性和分类数据的分子网络，推断具有生物活性的骨架结构。

优点：使用计算的方法通过数据库或质谱信息的比对来识别具有潜在生物活性的化合物。

不足：活性分子的完整结构解析仍然困难。

应用：从血桐（Macaranga tanarius）分离新的 schweinfurthin 系列具有细胞毒性的异戊烯基对苯二酚[43]。

参考文献

[1]　BRUCE S J，TAVAZZI I，PARISOD V，et al. Investigation of Human Blood Plasma Sample Preparation for Performing Metabolomics Using Ultrahigh Performance Liquid Chromatography/Mass Spectrometry［J］. Analytical Chemistry，2009，81（9）：3285-3296.

[2]　WANT E J，O'MAILLE G，SMITH C A，et al. Solvent-Dependent Metabolite Distribution，Clustering，and Protein Extraction for Serum Profiling with Mass Spectrometry［J］. Analytical Chemistry，2006，78（3）：743-752.

[3]　RAGO D，METTE K，G RDENIZ G，et al. A LC-MS metabolomics approach to investigate the effect of raw apple intake in the rat plasma metabolome［J］. Metabolomics，

2013, 9 (6): 1202-1215.

[4]　G RDENIZ G, KRISTENSEN M, SKOV T, et al. The Effect of LC-MS Data Prepro-
cessing Methods on the Selection of Plasma Biomarkers in Fed vs. Fasted Rats. Metabo-
lites, 2012, 2 (1): 77-99.

[5]　HANHINEVA K, BARRI T, KOLEHMAINEN M, et al. Comparative Nontargeted
Profiling of Metabolic Changes in Tissues and Biofluids in High-Fat Diet-Fed Ossabaw Pig
[J]. Journal of Proteome Research, 2013, 12 (9): 3980-3992.

[6]　COUCHMAN L. Turbulent flow chromatography in bioanalysis: a review [J]. Biomedical
Chromatography, 2012, 26 (8): 892-905.

[7]　MICHOPOULOS F, EDGE A M, THEODORIDIS G, et al. Application of turbulent flow
chromatography to the metabonomic analysis of human plasma: Comparison with protein pre-
cipitation [J]. Journal of Separation Science, 2010, 33 (10): 1472-1479.

[8]　FOLCH J, LEES M, SLOANE STANLEY G H. A simple method for the isolation and
purification of total lipids from animal tissues [J]. J biol Chem, 1957, 226 (1):
497-509.

[9]　BLIGH E G, DYER W J. A rapid method of total lipid extraction and purification [J]. Canadi-
an journal of biochemistry and physiology, 1959, 37 (8): 911-917.

[10]　MATYASH V, LIEBISCH G, KURZCHALIA T V, et al. Lipid extraction by methyl-
tert-butyl ether for high-throughput lipidomics [J]. Journal of Lipid
Research, 2008, 49 (5): 1137-1146.

[11]　TRIEBL A, TR TZM LLER M, EBERL A, et al. Quantitation of phosphatidic acid and
lysophosphatidic acid molecular species using hydrophilic interaction liquid chromatogra-
phy coupled to electrospray ionization high resolution mass spectrometry [J]. Journal of
Chromatography A, 2014, 1347: 104-110.

[12]　L FGREN L, ST HLMAN M, FORSBERG G-B, et al. The BUME method: a novel
automated chloroform-free 96-well total lipid extraction method for blood plasma [J].
Journal of Lipid Research, 2012, 53 (8): 1690-1700.

[13]　ALSHEHRY Z H, BARLOW C K, WEIR J M, et al. An Efficient Single Phase Meth-
od for the Extraction of Plasma Lipids [J]. Metabolites, 2015, 5 (2): 389-403.

[14]　HAN J, LIU Y, WANG R, et al. Metabolic Profiling of Bile Acids in Human and Mouse
Blood by LC-MS/MS in Combination with Phospholipid-Depletion Solid-Phase Extraction [J].
Analytical Chemistry, 2015, 87 (2): 1127-1136.

[15]　GODZIEN J, CIBOROWSKI M, WHILEY L, et al. In-vial dual extraction liquid chro-
matography coupled to mass spectrometry applied to streptozotocin-treated diabetic
rats. Tips and pitfalls of the method [J]. Journal of Chromatography A, 2013, 1304:
52-60.

[16]　WHILEY L, GODZIEN J, RUPEREZ F J, et al. In-Vial Dual Extraction for Direct LC-
MS Analysis of Plasma for Comprehensive and Highly Reproducible Metabolic Finger-
printing [J]. Analytical Chemistry, 2012, 84 (14): 5992-5999.

[17]　CHEN S, HOENE M, LI J, et al. Simultaneous extraction of metabolome and lipidome
with methyl tert-butyl ether from a single small tissue sample for ultra-high performance
liquid chromatography/mass spectrometry [J]. Journal of Chromatography A, 2013,

1298: 9-16.

[18] ZHOU J, LI Y, CHEN X, et al. Development of data-independent acquisition work-flows for metabolomic analysis on a quadrupole-orbitrap platform [J] . Talanta, 2017, 164: 128-136.

[19] ZHU X, CHEN Y, SUBRAMANIAN R. Comparison of Information-Dependent Acquisition, SWATH, and MSAll Techniques in Metabolite Identification Study Employing Ultrahigh-Performance Liquid Chromatography-Quadrupole Time-of-Flight Mass Spectrometry [J] . Analytical Chemistry, 2014, 86 (2): 1202-1209.

[20] BIJLSMA S, BOBELDIJK I, VERHEIJ E R, et al. Large-Scale Human Metabolomics Studies: A Strategy for Data (Pre-) Processing and Validation [J] . Analytical Chemistry, 2006, 78 (2): 567-574.

[21] WANT E J, WILSON I D, GIKA H, et al. Global metabolic profiling procedures for urine using UPLC-MS [J] . Nature Protocols, 2010, 5 (6): 1005-1018.

[22] XIA J, WISHART D S. Web-based inference of biological patterns, functions and pathways from metabolomic data using MetaboAnalyst [J] . Nature Protocols, 2011, 6 (6): 743-760.

[23] HUANG N, SIEGEL M M, KRUPPA G H, et al. Automation of a Fourier transform ion cyclotron resonance mass spectrometer for acquisition, analysis, and e-mailing of high-resolution exact-mass electrospray ionization mass spectral data [J] . Journal of the American Society for Mass Spectrometry, 1999, 10 (11): 1166-1173.

[24] KELLER B O, SUI J, YOUNG A B, et al. Interferences and contaminants encountered in modern mass spectrometry [J] . Analytica Chimica Acta, 2008, 627 (1): 71-81.

[25] WISHART D S, GUO A, OLER E, et al. HMDB 5.0: the Human Metabolome Database for 2022 [J] . Nucleic Acids Research, 2022, 50 (D1): D622-D631.

[26] TAUTENHAHN R, CHO K, URITBOONTHAI W, et al. An accelerated workflow for untargeted metabolomics using the METLIN database [J] . Nature Biotechnology, 2012, 30 (9): 826-828.

[27] HORAI H, ARITA M, KANAYA S, et al. MassBank: a public repository for sharing mass spectral data for life sciences [J] . Journal of Mass Spectrometry, 2010, 45 (7): 703-714.

[28] SUD M, FAHY E, COTTER D, et al. LMSD: LIPID MAPS structure database [J]. Nucleic Acids Research, 2007, 35 (suppl _ 1): D527-D532.

[29] BLAŽENOVIĆ I, KIND T, JI J, et al. Software Tools and Approaches for Compound Identification of LC-MS/MS Data in Metabolomics [J] . Metabolites, 2018, 8 (2): 31.

[30] LUBECK A J, SUTTON D L. Kovats retention indices of selected hydrocarbons through C10 on bonded phase fused silica capillaries [J] . Journal of High Resolution Chromatography, 1983, 6 (6): 328-332.

[31] GUIJAS C, MONTENEGRO-BURKE J R, WARTH B, et al. Metabolomics activity screening for identifying metabolites that modulate phenotype [J] . Nature Biotechnology, 2018, 36 (4): 316-320.

[32] WOOLF L I, GRIFFITHS R, MONCRIEFF A. Treatment of Phenylketonuria with a Diet Low in Phenylalanine [J] . British Medical Journal, 1955, 1 (4905): 57.

[33] KAMANNA V S, KASHYAP M L. Mechanism of Action of Niacin [J] . The American Journal of Cardiology, 2008, 101 (8, Supplement): S20-S26.

[34] BANACH M, SERBAN C, URSONIU S, et al. Statin therapy and plasma coenzyme Q10 concentrations—A systematic review and meta-analysis of placebo-controlled trials [J] . Pharmacological Research, 2015, 99: 329-336.

[35] RINSCHEN M M, IVANISEVIC J, GIERA M, et al. Identification of bioactive metabolites using activity metabolomics [J] . Nature Reviews Molecular Cell Biology, 2019, 20 (6): 353-367.

[36] LAAN L C, WILLIAMS A R, STAVENHAGEN K, et al. The whipworm (Trichuris suis) secretes prostaglandin E2 to suppress proinflammatory properties in human dendritic cells [J] . The FASEB Journal, 2017, 31 (2): 719-731.

[37] VEYEL D, SOKOLOWSKA E M, MORENO J C, et al. PROMIS, global analysis of PROtein-metabolite interactions using size separation in Arabidopsis thaliana [J]. Journal of Biological Chemistry, 2018, 293 (32): 12440-12453.

[38] LI X, GIANOULIS T A, YIP K Y, et al. Extensive In Vivo Metabolite-Protein Interactions Revealed by Large-Scale Systematic Analyses [J] . Cell, 2010, 143 (4): 639-650.

[39] HUBER K V M, OLEK K M, M LLER A C, et al. Proteome-wide drug and metabolite interaction mapping by thermal-stability profiling [J] . Nature Methods, 2015, 12 (11): 1055-1057.

[40] JHA A K, HUANG S C-C, SERGUSHICHEV A, et al. Network integration of parallel metabolic and transcriptional data reveals metabolic modules that regulate macrophage polarization [J] . Immunity, 2015, 42 (3): 419-430.

[41] HARCOMBE W R, RIEHL W J, DUKOVSKI I, et al. Metabolic resource allocation in individual microbes determines ecosystem interactions and spatial dynamics [J] . Cell reports, 2014, 7 (4): 1104-1115.

[42] PIRHAJI L, MILANI P, LEIDL M, et al. Revealing disease-associated pathways by network integration of untargeted metabolomics [J] . Nature Methods, 2016, 13 (9): 770-776.

[43] P RESSE T, J Z QUEL G, ALLARD P-M, et al. Cytotoxic Prenylated Stilbenes Isolated from Macaranga tanarius [J] . Journal of Natural Products, 2017, 80 (10): 2684-2691.

第 3 章

代谢组学研究中应记录的
关键信息

代谢组学主要对生物样本中的代谢物进行研究，目前已有超过 20 年的应用时间，是一门发展比较成熟的学科。作为一种常用的系统生物学工具，代谢组学已广泛应用于植物、微生物和动物的相关研究中。由于代谢物本身的性质，特别是它们在化学结构的多样性和强度动态范围上的差异性，使得代谢组学的检测很难达到像基因组学、蛋白组学、转录组学那样宽的覆盖面。尽管如此，研究者们还是在代谢物检测的数量上取得了很大的进步，许多研究成果为整个生命科学领域提供了重要的生物学信息和活性代谢物的信息。据统计，研究者们已经发现了一百万个不同的代谢物，在一个单独的物种中大约存在 1000 ～ 40000 个代谢物[1]。

迄今为止，即便是覆盖面最广的检测方法也不能对生物体内的代谢物进行完全检测。由于代谢物的化学性质差异较大、短时间内会发生转化以及在细胞中的动态范围较宽等，所以使用单一提取方式或单一分析手段很难对所有的代谢物进行全面分析。所以，研究者们使用不同的提取技术与不同的分析手段相结合，为提高代谢组学检测覆盖面开发了一系列方法。研究方法的多样性使建立一种统一的标准异常艰难，加之与代谢物检测相关的研究目的十分多样化，包括靶向代谢物分析、代谢物轮廓分析、代谢流分析、代谢组指纹分析等，使得这一问题变得更具挑战性。为了对代谢组学数据进行深度挖掘，需要对来自不同实验室的数据进行对比。除了在量的水平上能对比之外，化合物的名称也需要使用通用的表述形式。为确保方法可以被重复使用，需要提供方法的详细参数。但是，目前已发表的文章，特别是在代谢组学不是实验主要关注点的文章中，通常不会提供样本处理和分析流程的详细描述。

本章目的在于呈现一个简洁的代谢组学报告流程，希望尽可能多地保留那些容易缺失的信息[2]。由于目前大多数代谢组学研究都基于质谱技术开展，所以本章重点关注了基于质谱的代谢组学研究。我们对代谢组学流程中的各个环节进行描述并给出建议，并提供了保证代谢组学数据稳定可靠的数据获取及报告的推荐流程。

3.1 样品前处理

样品的前处理是一个比较宽泛的话题，针对不同的样本，如组织，细胞，体液等，前处理的方法也大不相同。为了能够保证实验的可重复性，以及为样本信息的完整性提供有说服力的证据，我们需要记录和报告实验中完整的样品前处理的方法。在样品前处理的过程中，初始的操作大致相同，但是最后的步骤往往会因为使用的分析技术的不同而有所差异。因此，这里先提供在样品前处理初始操作中应该关注的基本信息，与分析技术相关的前处理方法，将在仪器部分详细阐述。以下信息的汇总，来源于多个 Metabolomics Standards Initiative（MSI）[3] 课题组，为大家总结了在样品前处理过程中应该考虑的一些重点问题。

3.1.1 采样的过程和方法

（1）重复采样和分析　生物个体之间都存在着生物学的差异，所以为了更好地对数据进行评价和解释，同时为后续统计分析提供数据基础，我们通常需要采集多个样本进行分析。建议每个样本至少要有三个重复，最佳方案为五个重复。由于生物学的差异往往会超过样品分析的差异，因此，相比于分析的重复（即重复的分析来自于相同个体的样本），我们最好能够使用生物学的重复（即重复分析来源于不同个体的样本）。

（2）组织样本的收集　应该记录的信息包括样本冷冻的方法（如液氮、干冰、丙酮浴等）；样本清洗方法；组织收集所用的时间（例如组织样本从手术切除结束到液氮冷冻的时间）；在进一步样本分析之前的储藏温度和时间（例如 −80℃储存 2 周）。如果条件允许，可以记录所有步骤操作过程中的温度；当然如果进行了温度监测，且并未有异常出现，也可以只记录温度点。

（3）生物液体的收集　应该记录的信息包括注射器；用于采血的真空系统/真空采血管；储存容器和抗凝血剂；离心的温度，速度和持续时间以及样品冷冻方法。

（4）组织样本的处理　应该记录的信息包括冷冻；新鲜组织处理；粉碎/匀浆；组织细胞破碎（例如液氮研磨，手动或电动匀浆，超声波细胞裂解等）的方法。在样本提取之前的存储条件，如 −80℃、储存时间、常压还是真空，干燥剂、防腐剂的加入。组织样本转移的信息，如从一个实验室转移到另外一个实验室。

3.1.2 样本提取方法

应记录溶剂的选用，缓冲液的 pH 值，组织提取时所使用溶剂的温度和体积，重复提取的次数，提取的顺序和提取的时间。值得注意的是，溶剂的脱气对于减少一些化合物如抗坏血酸、半胱氨酸等的氧化还原反应是非常必要的。

（1）提取物的浓缩，稀释倍数和复溶过程　如氮气吹干，在水中复溶。

（2）提取物的富集　固相萃取（固相萃取柱的质量/体积、洗脱剂、吸附剂、生产商）；脱盐，分子量的截留，以及离子交换等。

（3）提取物的纯化或者其他额外操作　超滤，去除顺磁离子，加入金属螯合物如 EDTA、柠檬酸盐等。

（4）提取物的存储和转移　样品分析前和分析过程中的储存条件；样本转移的信息，如从一个实验室转移到另外一个实验室等。

3.2　样本检测

3.2.1　色谱方法

大部分以质谱为基础的代谢组学研究在样品分析时都需要与色谱仪器相连。因此在研究中我们需要记录详细的色谱参数，在这里就对色谱分离中应该记录的信息给出以下参考。

（1）色谱仪器的描述　生产厂家、产品型号、软件名称和版本。

（2）自动进样器　进样注射器的型号/大小，软件版本，进样体积，清洗流程和溶剂。

（3）分离色谱柱和预柱或保护柱　生产厂家，产品名称或编号，固定相组成（如：硅胶、C_{18} 等），物理参数（如：气相色谱柱的涂层厚度、液相色谱柱的粒径），色谱柱的内径和长度。

（4）与分析技术相关的样本前处理过程　样品复溶的溶剂（如：用流动相复溶），进样量；衍生化反应的条件（如：衍生化试剂、生产厂家、反应温度和时间等）；内标的加入。

（5）分离参数　方法的名称（可用于发表和引用的详细方法），进样器温度，分流和分流比，流动相组成，流速，压力，洗脱梯度。

3.2.2　质谱方法

质谱是在代谢组学应用中普遍使用但是较复杂的一项技术。因此，为了保证实验的可重复性，需要我们记录详细的质谱参数，以下信息供参考。

（1）仪器描述　生产厂商，仪器型号，软件（名称、序列号、版本）。

（2）样品引入　从气相色谱、液相色谱还是直接进样进行检测，如果是直接进样还需列出进样器的型号和流速。

（3）离子源　电离模式（EI、APCI、ESI 等），检测模式（正、负离子模式分析），真空度，电压（如：毛细管电压），气体流速（雾化气、锥孔气体等），离子源温度。虽然这些参数在不同的仪器上数值会有一些差异，但是还是应该提供充足的参数信息来确保实验数据可以重复。

（4）质量分析器和数据采集模式　质量分析器类型（四极杆、离子阱、飞行时间等，以及它们的联用形式如 Q-TOF 等），数据采集模式（full scan、DDA、DIA、MRM 等）以及在对应采集模式下详细的参数设置。

（5）与样本分析相关的样品前处理过程　样品复溶的溶剂（如：含有 0.2% 甲酸的甲醇∶水＝1∶1 溶液），衍生化方法，进样体积，内标物质的加入。

（6）数据采集的参数　数据采集的日期，操作者，数据采集速度，质荷比范围，所使用的质量轴校正物质，质谱的分辨率和质量精度，质谱图采集频率，真空度，实时校正溶液（浓度、质荷比、流速和采集频率）。

3.3　数据预处理与统计分析

3.3.1　数据预处理

CAWG（chemical analysis working group）主要针对数据转换（即数据由仪器采集的格式转换成可以进行进一步统计分析的格式）中应该包含的信息做了以下建议。我们需要详细记录数据的格式和转换的方法。例如：从某一固定格式（.d 或 .raw 等）转换成更为通用的格式（.cdf、XML 等）；关于数据转换方法的所有参数；背景扣除，噪声去除，用于色谱峰校正的参数；以及峰强阈值，质谱图解卷积和化合物鉴定参数等。

3.3.2　数据分析

关于在数据分析过程中应该提供什么样的信息并没有统一的标准。有研究者建议如下：数据分析中，每一步操作都需要充分说明，包括 QC 的步骤、缺失值的填充以及特别重要的数据处理的顺序。

3.3.2.1　单变量分析

单变量分析可以直接用来筛选差异性化合物；也可以在多元统计分析之前进行数据的预先筛选，用以降低数据集的大小，但是许多研究并不推荐在多元统计分析之前使用单变量统计分析进行数据筛选。在多元统计分析筛选出对分类贡献较大的标记物之后，我们可以用单变量分析来考察这些化合物在不同组别之间的差异有无统计学意义。

单变量分析的目的，以及在整个数据分析流程中所处的位置（如多元统计分析之前还是之后进行的）需要告知读者。在数据分析过程中，数据集的大小（所包含数据的数量）需要提供；在分析之后有无对数据进行取舍，为什么进行取舍都应提供给读者。

3.3.2.2 多元统计分析

（1）无监督分析　无监督分析将来自不同组别的数据进行可视化，用以观察其在空间中的分组情况。在无监督分析中需要记录的信息包括：数据集的大小；在非监督分析之前有无对数据进行过滤或者筛选，以及进行预先操作的原因，以便于读者判断数据分析中的分组有无意义；与模型建立相关的重要参数，如PCA中所选择主成分的个数以及其所能代表的原始数据的百分比等信息。

（2）有监督分析　有监督分析通常用来挑选对分类贡献较大的化合物（标记物）。进入这一步分析的数据集需要做出解释，特别是如果数据经过过滤或者预先的筛选以达到理想的分类目的时，更要对每一步操作进行详细记录。PLS-DA是目前代谢组学研究中最常用的用来挑选标记物的有监督分析方法。

为什么大多数研究都喜欢用PLS-DA？有研究指出其原因有两个，第一个原因是研究者习惯使用这一方法；第二个原因是几乎所有的多元统计分析软件都包含这一方法。但是报道也指出，由于使用PLS-DA的研究者可能不是统计科班出身，他们并不知道如何去优化模型的参数，所以文章中建立模型所用的方法可能并不是最适合代谢组学数据分析的算法。在一些文章中，作者几乎没有提及建模过程中使用的参数，以及选择主成分个数的细节信息。所以，当我们使用有监督方法分析数据时，应该记录并提供所有相关的参数，以及如何挑选和优化主成分的个数等信息。如果研究者并未对参数进行挑选或者优化，而是使用了软件包或者程序中的默认参数，那么所使用的参数也需要提供。这些信息对于数据分析者来说非常有帮助，因为这样可以鼓励分析者反复思考自己所使用的分析参数是否恰当，注意不同的参数选项；同时也可以如实地观察到不同的参数对分析结果产生的影响。

数据集的大小也是我们需要重点记录的信息，因为在数据分析时改变数据集的大小会产生有偏向性的结果，如在多元统计分析（无监督和有监督分析）前，对数据进行筛选，挑选与实验分组相关的数据进行下一步分析，这时所产生的结果可能会与用原始数据分析产生的结果有所差异。因此，如实描述数据集的变化，对于分析方法的可靠性和结果的有效性来说至关重要。

代谢组学的数据分析非常复杂，它包括了很多可以用不同方式完成的步骤，这其中有些是可做可不做的，有些则是根据研究的目的需要逐步实施的。如果缺乏一个标准的程序，则会影响方法之间的比较。另外，如果有多个方法都可以用于分析数据，我们可以尝试所有的方法，但得到的结果中只报道满足我们需求的结果，但是我们需要记录所有的数据分析的结果，而不仅仅是那些"最好"的结果。在文章发表时，也需要如实描述整个分析过程，因为读者如果去猜测一个报告是否完整，或者尝试其他数据分析方法是非常困难的。

实验数据完全重复在临床前研究或动物实验中是比较困难的，但是计算机分析结果的重现是相对容易实现的。通过文章中提供的数据以及代码来进行重复性验证是一个非常繁重的工作，而且也没有审稿人或者编辑强制这么做。尽管如此，我们还是建议在文章发表时至少提供一个符合逻辑的操作流程图，用来帮助读者直观了解具体的分析步骤。除了整体的工作流程图之外，还应该提供一个数据分析的详细流程图，包括数据的预处理和统计分析等步骤，用以展示在关键步骤的具体操作以及操作的顺序。

许多生物信息学研究者都是自我学习而且与具体的实验操作完全隔离。此外，在系统生物学实验中，没有或者很少有所谓的标准操作，他们在进行实验时，第一步往往是搜索已发表的相关文献，去查看有哪些数据分析方法已经被使用或者可以借鉴在自己的实验中。所以如果在发表文章时，并未对数据分析的细节进行详细报道，就不利于那些想要从这些报道中学习和了解相关方法的研究者获取有用的信息。

3.4 化合物鉴定

代谢物的鉴定是代谢组学将原始数据转换为生物学数据的一个重要环节，对于整个代谢组学研究都非常重要。代谢物的鉴定是一个非常严格且需要对鉴定结果进行验证的过程。但是，关于什么才是有效代谢物鉴定还在讨论中，尚未达成一致的意见。目前，在已发表的文章中，可以将代谢物的鉴定归为四个层次（参见 2.5.4 关于代谢物的鉴定）。

研究者们应该针对以上四个级别对研究报告中的化合物鉴定进行严格归类。大部分的研究报告中鉴定出的化合物都不是新的化合物，这些化合物的分类或者鉴定信息已经在发表的文章中被报道过。对于这些已经报道过的化合物，鉴定时通常需要与化学标准品对照。单独用化学位移值，质荷比或是其他化学物理常数对于这类化合物进行鉴定往往不够充分。因此，在化合物鉴定时，在相同的分析条件下，至少要提供化学标准品和待鉴定化合物的两个独立正交的实验数据，如保留时间和质谱图、保留时间和核磁共振图谱、精确分子量和串联质谱信息、精确分子量和同位素分布等，来佐证化合物的鉴定。通常认为，参考由其他实验室已发表文献中的化学标准品的数据进行化合物的 Level 1 鉴定是不充分的，采用这种方式的鉴定结果应属于 Level 2。

如果使用谱图对比进行化合物鉴定，那么化学标准品的图谱需要给出适当的说明，或者数据库中可以找到相应的图谱。参考的图谱最好是能免费获得，但是CAWG 也意识到对于一些商业数据库（如 NIST，Wiley 等）来说，并非所有谱图都免费。因此，最低要求是研究者可以提供相应的图谱来验证化合物鉴定的准确性。如果研究者未能提供充足的实验数据来支持代谢物鉴定的结果，那么这种鉴定应该被定义为"暂时推定"。

基于多重数据的鉴定有明显的优势，不仅可以给化合物鉴定提供更有力的支持，同时也可以帮助研究者鉴定化合物的立体构型。这些额外的数据可以包括：溶剂萃取，保留时间，m/z，光电二极管阵列光谱，最大吸收波长，化学衍生化，同位素标记，二维核磁共振，红外光谱等。

3.5 化合物命名

3.5.1 非新发现代谢物的命名

IUPA（international union of pure and applied chemistry）已经为化合物的命名制订了规则（系统命名法）。但是，在这些命名规则下通常会出现名字非常长且复杂的化合物，因此化合物除了有系统命名法命名的名称外，通常会有一个更常用的较短的名称。如芦丁的系统命名为 2-(3,4-dihydroxyphenyl)-5,7-di-hydroxy-3-［(2S，3R，4S，5S，6R)-3,4,5-trihydroxy-6-［［(2R，3R，4R，5R，6S)-3，4，5-trihydroxy-6-methyl oxan-2-yl］oxymethyl］oxan-2-yl］oxy chromen-4-one。

此外，化合物的命名也可参照以下数据库的记录形式：

① Chemical Abstract Service（CAS）；

② Chemical Entities of Biological Interest（ChEBI）；

③ PubChem compound identifier（CID）；

④ Simplified Molecular Input Line Entry Specification（SMILES）；

⑤ IUPAC International Chemical Identifier（InChI）。

通常来说，并不推荐大家使用 CAS 号码记录化合物，因为编码仅仅是数字的组合，但从这些数字看不出化合物的结构信息。相对而言，CID，SMILES 和 InChI 编码更能够展示化合物的结构。目前，CAWG 推荐使用 InChI 编码，因为这个编码格式有助于数据的交换以及数据库之间进行关联。因此，在研究报告中建议最好为代谢物提供一个名称（系统命名或者常用名）和一个结构编码。

3.5.2 新代谢物的鉴定和命名

如果一个代谢物是首次被发现，那代谢物的鉴定需要提供充足的可以被接受的佐证材料。通常这些佐证材料包括：提取，分离和纯化，元素分析，精确质量测量，串联质谱分析，NMR（^{1}H，^{13}C，^{2}D）和其他光谱数据，如 IR，UV 等。首次鉴定的新代谢物，其信息并未收录在 PubChem 中，所以正式的名称要按照系统命名法命名，通用名可以由作者自己定义。同时，鼓励作者向 PubChem 提交新的结构，或发布结构代码（由 IUPAC 和 NIST 推荐的 InChI 代码）。

3.5.3 未知代谢物的鉴定

在多数代谢组学数据中，有很多没有办法鉴定的未知化合物。比如前面提到的 Level 3 和 Level 4 鉴别。我们最好能够把那些具有很重要的生物学意义的化合物的结构进行严格鉴定，但是由于时间的限制，或者缺乏化学对照品，完整的代谢物鉴定并不是在每一个研究中都能实现。那些难以确定结构的化合物有时在实验中具有统计学意义，被选为具有明显差异的化合物，在这种情况下，我们需要系统地报告这些"未知的化合物"的信息，这对于其他研究者来说也是非常有意义的。对于以质谱为研究平台的实验，需要记录的信息包括保留时间，质谱图中的主要质谱峰的质荷比以及其串联质谱的信息。

3.5.4 代谢物数据

① 如表 3-1 所示，代谢物表格应至少包括保留时间、理论 m/z、检测到的 m/z、质量偏差、碎片信息、代谢物名称和分类。
② 对于已知化合物，推荐增加数据库编号，如 HMDB、KEGG、PubChem 等。
③ 定量数据包括峰强度和峰面积，可以以 Excel 或者 TXT 形式提供。
④ 提供代表性的色谱图和质谱图用以评估代谢物归属。

表 3-1 代谢物鉴定表格举例

编号	保留时间/min	代谢物名称	代谢物分类	分子式	理论 m/z	检测 m/z	加合离子	偏差/ppm	碎片离子	数据库编号	鉴定级别
1	6.85	Rutin	黄酮类化合物	$C_{27}H_{30}O_{16}$	611.1607	611.1604	$[M+H]^+$	0.3	$611.17[M+H]^+$；$465.10[M+H-Rha]^+$；$303.05[M+H-Rha-Glc]^+$	HMDB0003249	Level 2
2	7.43	PC(16：0/16：0)	磷脂	$C_{40}H_{80}NO_8P$	734.0389	734.0401	$[M+H]^+$	1.6	$734.0[M+H]^+$；$551.6[M+H-183]^+$；$183.9[C_5H_{14}NO_4P]^+$；$104.1[C_5H_{14}NO]^+$	HMDB0000564	Level 2

3.5.5　其他信息

① 检查是否要求上传原始数据；
② 质谱数据转换，如 NetCDF 格式；
③ 提供代谢物的数据库编号；
④ 声明数据的可用性；
⑤ 说明化合物归属是否用到标准品或参考谱图；
⑥ 提供数据分析和可视化时所使用的代码或其他信息。

由于有些杂志对文章的字数有严格规定，且为了符合科学报告的简洁性要求，作者通常只会在文章中简单声明"the metabolite was putatively annotate as X（代谢产物被推测为 X）"。但是，我们可以将详细的化合物归属信息在补充材料里提供，包括与文章一起发表的补充材料或者单独上传的网络资源。像 MetaboLights 和 Metabolomics Workbench 数据库就可以满足这一目的，目前也被一些杂志列为数据保存的指定数据库。

在 2007 年，MSI 组织建议了代谢组学中化合物鉴定的最低报告标准，即在化合物鉴定中至少要包含的信息[2]。尽管这一标准提出已有十几年的时间，但是在目前的科技论文发表中，应用此标准的论文依然有限。很显然，我们还需要进一步去强调汇报标准的必要性。使用准确的代谢物报告标准至关重要，它可以让科学界对更广泛的实验数据进行评估和解释。作者需要在其要发表的论文中描述代谢物鉴定的过程以及水平或者可靠性，这一内容可以在论文同行评议过程中进行审核。

另外，专家也指出"有效代谢物鉴定的确切依据目前仍在讨论中，尚未达成一致建议，并且代谢物鉴定的标准一直在不断发展"。这些标准的建立是代谢组学发展过程中的重要阶段。一些专家也提出了其他一些鉴定化合物的标准：如使用量化化合物鉴定的评分[4]，在化合物鉴定中引入 Identification point（IP）系统，（例如 HR－MS1＋RT＝2IPs，HR－MS1＋2HR－MS/MS 碎片（fragments）＋RT＝4.5IPs，HR 为高分辨率，RT 为保留时间），这一评价系统需要引入代谢组学研究中所有可用于化合物鉴定的技术和方法。

3.6　小结

由于代谢组学检测目的和检测方法的多样性，研究者们认为需要为代谢物数据的获取和报告定义一个明确的指南。尽管 MSI 已经提供了代谢组学研究的一些标准，这些标准也被认为是代谢组学报告的金标准，但是仅有一小部分已发表的代谢组学研究遵循了这些标准，并且将其原始数据上传至代谢组学数据库（如MetaboLights 和 Metabolome Workbench）[5]。究其原因，可能有以下几点：①目前只有很少的杂志强制要求原始数据需上传至代谢组学数据库；②不同于代谢组学刚刚兴起时，现在代谢组学实验通常只是整个研究的一个部分；另外很多课题组将代谢组学实验进行外包检测，他们通常不知道如何提供原始数据或者根本没有获取原始数据的权限；③在没有明确规范准则的情况下，要求审稿人对多组学研究的各个方面发表评论具有很大的挑战，特别是许多生物学家可能缺乏代谢组学领域的专业能力；④在提供原始数据时会遇到一些困难，通常需要经过多次尝试才能满足数据库的要求；⑤上传原始数据信息对于一些研究来说是有必要的，但不是对所有研究都是必须的。

尽管如此，还是建议大家在进行报告书写或者文章发表时，尽可能全面地汇报实验数据，这对于实验的重复性、结果的可靠性以及报告的完整性都是非常有用的。通过规范报告流程，有助于实验室之间数据集的比较，通过数据统计挖掘更深层次的生物学意义进而更好地与其他实验数据进行整合。本文为提高代谢组学数据的质量以及提高跨实验之间结果的可比性提出了一些建议，这些建议有以下优点：①使读者能够评估所报告数据的质量，从而对得出的结论更有信心；②研究人员将更容易地获取所需的信息，有助于对自己的实验结果进行解释和归属；③多个实验室获得的数据可以更容易地进行比较。对于代谢组学需要报告的数据类型和内容，目前已经有很多文章发表。我们相信随着仪器水平的不断进步以及代谢组织学的不断发展，这些内容也会随之不断更新。假如我们不知道在文章中究竟需要提供多少方法的细节，我们可以试想一下，如果在另外的一个课题组有一名研究者正在使用跟我们一样的仪器重复我们的实验，我们应该提供哪些信息。

参考文献

[1] ALSEEKH S, FERNIE A R. Metabolomics 20 years on：what have we learned and what hurdles remain? [J]．The Plant Journal, 2018, 94 (6)：933-942.

[2] SUMNER L W, AMBERG A, BARRETT D, et al. Proposed minimum reporting standards for chemical analysis：chemical analysis working group (CAWG) metabolomics standards initiative (MSI) [J]．Metabolomics, 2007, 3：211-221.

[3] FIEHN O, ROBERTSON D, GRIFFIN J, et al. The metabolomics standards initiative (MSI) [J]．Metabolomics, 2007, 3 (3)：175-178.

[4] CREEK D J, DUNN W B, FIEHN O, et al. Metabolite identification：are you sure? And how do your peers gauge your confidence? [J]．Metabolomics, 2014, 10 (3)：350-353.

[5] ALSEEKH S, AHARONI A, BROTMAN Y, et al. Mass spectrometry-based metabolomics：a guide for annotation, quantification and best reporting practices [J]．Nature Methods, 2021, 18 (7)：747-756.

第 4 章

代谢组学相关资料

4.1 有助于实验设计的参考文献

对于初学者来说，实验设计是一个让人很头疼的问题。样品如何前处理？处理后的样品如何保存？QC样本如何制备？怎样安排采集数据的顺序才合理？数据采集时采用什么样的模式？得到数据之后如何判断数据的合理性以及怎样对数据进行取舍？此外，整个操作过程中也有很多细节需要注意。

以下就推荐几篇文献，帮助我们合理设计实验。

（1）DUNN W B等[1] 详细介绍了使用GC-MS，LC-MS（沃特世UHPLC-Q-TOF/MS和赛默飞LTQ-Orbitrap/MS）来分析血浆和血清样品的流程。包括：样品的前处理（温度，时间等），LC-MS分析（流动相选择，运行梯度等），数据预处理（如何使用QC样本对数据进行取舍等）。

（2）WANT E J等[2] 详细介绍了使用LC-MS（沃特世UHPLC-Q-TOF/MS）对尿样进行分析的流程。包括：样品前处理（SPE），LC-MS分析（色谱柱选择，流动相选择，运行梯度等），数据处理（根据QC样本评价方法以及数据的可靠性等）。

（3）WANT E J等[3] 详细介绍了使用LC-MS（沃特世UHPLC-Q-TOF/MS）对组织样本进行分析的流程。提取方法是以肝脏样本为例介绍了两步溶剂提取（水相和有机相）；LC-MS分析：根据检测目标的不同选择不同的色谱柱，不同的流动相及洗脱梯度。

4.2 代谢组学实验中应该如何做选择？

在代谢组学实验中，会遇到很多需要我们做出选择的情况，比如样本检测时选择GC-MS还是LC-MS，LC-MS检测时是选择full scan还是DDA或DIA？有一些需要根据自己的实验情况进行选择，有一些则没有严格规定，只要做到有据可循就可以。本节简单总结一下在代谢组学实验中需要做出选择的情况，侧重点可能会偏向样本检测方面。

4.2.1 质谱仪如何选择？

对于LC-MS而言，要开展非靶向代谢组学，必须要有高分辨质谱仪如

TOF、Orbitrap 等，因为非靶向代谢组学是以发现为目的的，所以需要尽可能多地检测到存在于生物样本中的化合物，分辨率越高的质谱仪才能保证检测到的化合物越多。当然也要在分辨率和灵敏度之间做好平衡，现在高分辨质谱仪都提供了多种分辨率可供选择。

4.2.2 在样本检测时，选择 GC -MS 还是 LC -MS?

首先要知道两者有什么不同，两种技术最大的区别在于所监测到的化合物的类型不一样。由于仪器的特性使得 GC-MS 检测的质量范围通常在 600 以下，而 LC-MS 检测的质量范围可以很高，通常我们选择 1000 或者 1500 以下。所以如果实验中要检测的化合物为脂肪酸、氨基酸等物质，可以选择使用 GC-MS；如果除了检测分子量较低的物质之外，还需要检测胆碱、磷脂类等物质，则需要使用 LC-MS。

GC-MS 检测相对容易标准化，另外化合物的鉴定相对容易，加上标准品数据的长期积累使得鉴定的结果更加可靠，这也可能是一些公司在非靶向代谢组学实验中只提供 GC-MS 检测的原因。

4.2.3 在获取原始数据时，选择 full scan 还是 DDA 或者 DIA?

首先要搞清楚这几种扫描模式的区别，full scan 用来获取化合物的一级质谱信息，DDA 或者 DIA 用来获取化合物的碎片信息，这几种扫描模式可以独立使用，也可以组合使用，了解到这一点之后就可以根据实验的需要来选择合适的采集模式。

非靶向代谢组学中，必须要包含 full scan 的数据，因为在进行峰的提取和对齐时，需要使用 full scan 的数据。DDA 或者 DIA 与 full scan 组合使用（如沃特世 Q-TOF 的 MSe 模式和赛默飞 Q-Exactive 的 full mass-ddms2），可以使我们一次进样同时获取一级质谱和串联质谱信息，方便之后进行数据库检索。当然这两种获取碎片离子的方式又各有其优缺点，很多研究者也针对他们各自的特点开发了不同的方法，所以绝对完美的方法还不存在，应根据自己的仪器和实验要求选择适合自己实验的采集模式。

4.2.4 如何挑选生物标记物? 统计学阈值如何选择?

代谢组学作为系统生物学的重要组成部分，每一个实验都可以获得海量的数据，从庞大的数据中筛选出真正有价值的数据，本身就不是一件百分之百有保证的操作。另外，受限于样本本身的性质以及分析平台（质谱，核磁等）的限制，实验最后能得到的数据中，并不是每一个都能反应样本真实的差异（当然我们要尽最大的努力去排除不必要的干扰）。所以，在筛选标记物时，没有必要纠结是不是应该有一个标准的数值，文章中报道的数值也并不统一，多数情况下，我们需要选出的是在统计学上有意义，在生物学上可以自圆其说的标记物。

但是，实验如果只是停留在标记物的阶段，恐怕已经不能满足我们的需求，所以需要对所选择的标记物进行进一步的验证。如果要对实验进行深入的研究，则需要结合研究本身（如所研究疾病的发生发展、所评价药物的作用等）对数据进行进一步的挖掘，对已选择的标记物进行更深层次的筛选，最后选择出"真正"的标记物进行生物化学或分子生物学实验的验证，阐明与之相关的生理病理过程。

这一过程，是一个多学科交叉的过程，包括分析化学、化学计量学、生物化学、分子生物学等，能完全掌握这些学科，并非不可能，但绝非易事。因此，近期发表的文章中，研究者们更加注重自己领域的创新，而非代谢组学的整个流程，例如通过优化样本前处理来扩大检测的覆盖面；通过化学衍生化来提高某一类化合物的质谱响应；通过使用多维分离获得对某一类化合物更加全面的分析；通过整合数据库资源来使化合物鉴定更加方便快捷；通过考察不同的流动相添加剂来为研究者选择添加剂提供参考等。

4.3 质谱相关知识

4.3.1 与质谱相关的名词

动态范围（dynamic range）：指单张质谱图中最高质谱峰和最低质谱峰的信号强度比值。这是质谱的一个重要参数，它定义了离子计数和分析物浓度成正比的范围。

质量精度（mass accuracy）：指实验测得质量和理论精确质量之间的差异，以 ppm 为单位（图 4-1），质荷比的准确度通常表示为测量误差。计算公式如下：

$$质量精度 = \frac{m_{测} - m_{理}}{m_{理}} \times 10^6$$

准确质量数的检测可以帮助我们确定化合物的元素组成，或减少可能的化合物推测的数量。

分辨率（resolution）：用来描述质谱质量分析器分离两个相邻离子的能力。对于同一张谱图中的两个相邻的离子来说，分辨率的定义如下：

$$分辨率 = m / \Delta m$$

其中，m 表示第一个离子的质荷比；Δm 表示根据峰谷或峰宽定义计算的质

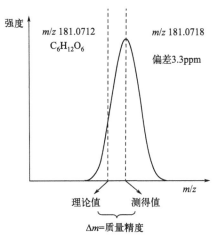

图 4-1　质量精度示意

量差。

以峰谷定义，如图 4-2（左）所示 Δm 是指当同一张谱图中两个质谱峰的峰谷在 10% 峰高处时二者质量的差值。以峰宽定义，如图 4-2（右）所示 Δm 是指一个峰在半峰高处的峰宽（full width at half maximum，FWHM），该定义也被仪器厂商广泛采用。低分辨质谱仪通常是指检测到的质谱信号在 m/z 200 处的分辨率 RFWHM≤2000，而高分辨质谱图的分辨率 RFWHM≥2000。

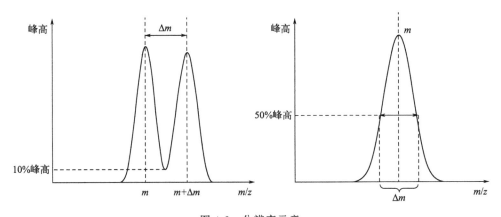

图 4-2　分辨率示意

在离子淌度质谱（IMS）中，由于质量分析器控制离子分离的原理不同，其分辨率定义如下：

$$分辨率（IMS）= \Omega / \Delta\Omega$$

式中，Ω 为离子的几何形状与漂移气体相互作用的函数；$\Delta\Omega$ 为不同离子之间 Ω 的差值。高分辨率 IMS 的 RIMS>100。目前商用 IMS-MS 主要为 DTIMS、TWIMS 和 TIMS，它们的分辨率分别是 70、40 和 200。

峰容量（peak capacity）：指在一次色谱分析中理论上可以分离的最大峰数量。它主要用于描述色谱的分离能力，该值与色谱峰的分辨率成正比。

Duty cycle：指质谱仪接收来自离子源的离子的时间比例。通常该值与仪器的灵敏度相关，因为到达检测器的离子越多，灵敏度越高。

Collision cross-section（CCS）：该值从离子淌度质谱分析中获得，反应离子在特定气相环境中构型信息。

4.3.2 质谱原始数据可以提供哪些信息

会看谱图是代谢组学分析中很重要的一项技能，特别是把样品交给公司或者其他实验室进行检测时，通过反馈的原始谱图，可以得到很多相关的信息，有助于我们更好地理解谱图以及实验的具体过程。接下来就通过几张谱图，来看一下可以从原始谱图中获取哪些信息。

4.3.2.1 安捷伦 Q-TOF 质谱仪

从图 4-3 中可以得到以下信息：

① 电离模式，-ESI 表示电喷雾负离子模式。

② 当前谱图，TIC 是总离子流图。

③ 源内裂解电压，Frag＝160.0V 表示源内裂解电压为 160V。

④ 原始数据文件名称。

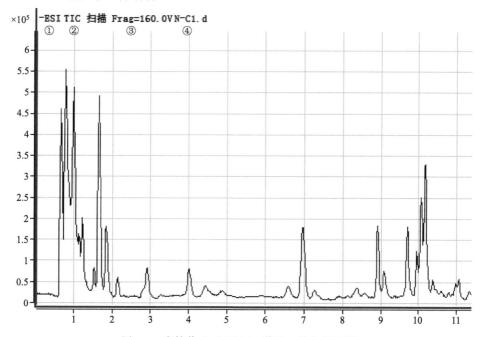

图 4-3　安捷伦 Q-TOF MS 谱图（总离子流图）

Auto MS/MS 模式下的质谱图（图 4-4）。

① 当前质谱图采集的保留时间，12.676min 表示当前质谱图是在 12.676 分钟时采集的。

② 红色◆表示根据用户定义的条件筛选的目标离子，即在下一步的串联质谱图中该离子会逐个被选为母离子进行碎裂。

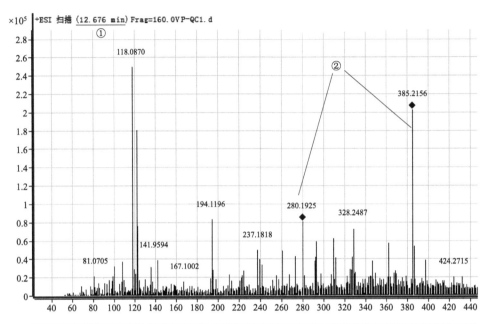

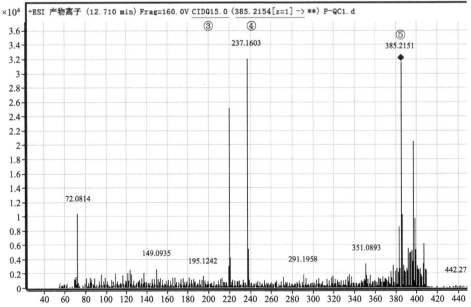

图 4-4　安捷伦 Q-TOF MS 谱图（Auto MS/MS 谱图，彩图）

③ 碎裂电压，CID@15.0 表示碎裂电压为 15V。

④ 目标离子的质荷比，即这张串联谱图的母离子是 m/z 385.2154。

⑤ 蓝色◆表示当前串联质谱图的母离子。

4.3.2.2 沃特世 Q-TOF 质谱仪

从图 4-5 和图 4-6 中可以得到以下信息：

① 样本名称。

② 当前谱图的采集方法。1 表示 Function 1，通常是全扫谱图；2 表示 Function 2，为串联质谱图。

③ 当前离子流图。BPI 表示基峰离子流图，此外，还会有 TIC 表示总离子流图。

④ 当前谱图中基峰的强度，即最高峰的强度。

⑤ 扫描点（保留时间）。951（10.145）就是扫描点为 951（保留时间为 10.145 分钟）。

⑥ Function 2 中 MSe 模式下的串联质谱图，当前谱图的母离子为所对应的扫描点和保留时间下 Function1 谱图中的所有离子。

⑦ Function 2 中 DDA 模式下的串联质谱图，496.30 为当前谱图的母离子。

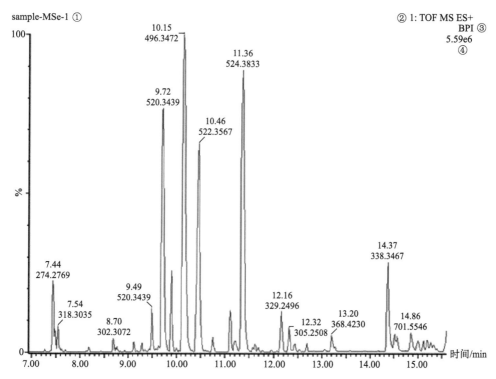

图 4-5　沃特世 Q-TOF MS 谱图（总离子流图）

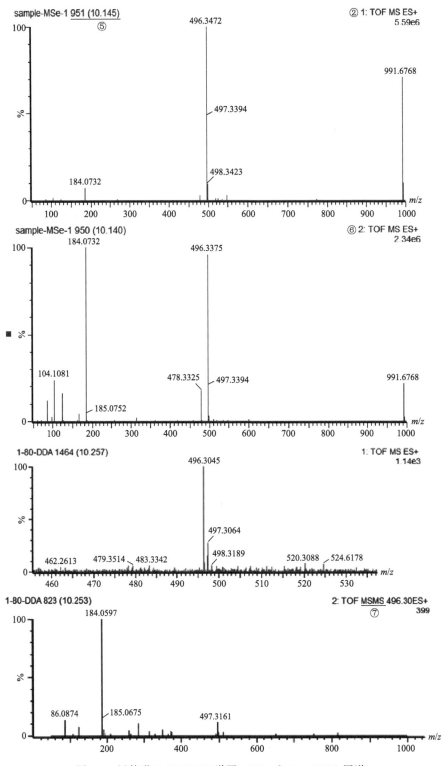

图 4-6　沃特世 Q-TOF MS 谱图（MSe 和 Fast-DDA 图谱）

4.3.2.3 赛默飞 Q-Orbitrap 质谱

从图 4-7、图 4-8 和图 4-9 中可以得到以下信息：

① 原始文件存储的位置。

② NL：normalization level，数值表示谱图中基峰即最高峰的强度。

③ #2847 表示扫描点。

④ RT：retention time，为保留时间。

⑤ AV：averaged，后边的数值表示平均的点数。

⑥ T：扫描类型，FTMS 为 Orbitrap 扫描；-p ESI Full ms〔100.00-1500.00〕表示在 ESI 负离子模式下采集的轮廓图（p，profile），采集范围为 m/z 100～1500。

⑦ MS2 表示串联质谱图；945.06@hcd30.00：当前串联质谱图中母离子为945.06，碰撞能量为 30。c 为 centroid，表示棒状图。

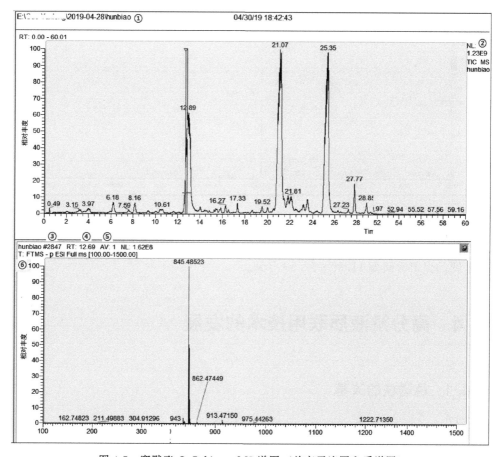

图 4-7 赛默飞 Q-Orbitrap MS 谱图（总离子流图和质谱图）

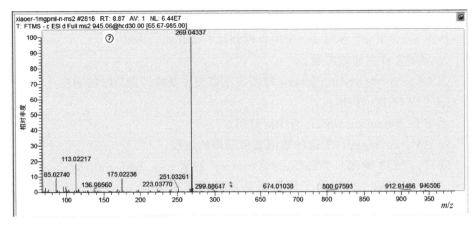

图 4-8　赛默飞 Q-Orbitrap MS 谱图（碎片离子质谱图）

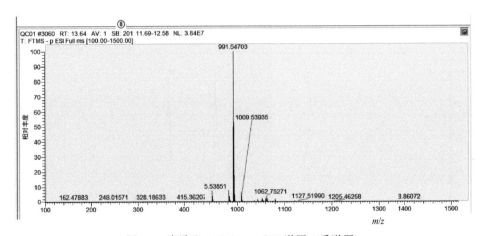

图 4-9　赛默飞 Q-Orbitrap MS 谱图（质谱图）

⑧ SB：subtracted background，背景扣除，后边数字代表扣除的范围，对应上图的保留时间为 11.69～12.58 分钟。

4.4　高分辨液质联用技术的发展

4.4.1　色谱柱的改善

随着超高效液相色谱和小于 $2\mu m$ 填料的出现，色谱柱在过去的几十年间得到了快速发展，为色谱分析提供了更高的分辨效率和更短的分离时间。图 4-10 展示的是使用不同的色谱柱对相同的植物提取物进行分析的总离子流图。使用小粒径（1.8μm）填料时［图 4-10（b）］，色谱分离效率较高，色谱峰的数量较多，色谱峰比较尖，大大改善了分离方法的灵敏度，并且降低检测限。分离分析速度的提升要求与之相连的质谱具有较高采集速度，这样才能获得足够的色谱峰点数来满足定量分析的需求。而质谱扫描速度的提高通常会牺牲质谱的分辨率，因此若要获得精确质荷比，则需要使用较长的扫描时间，但是这又可能与 UHPLC 的超窄峰宽不兼容。UHPLC 分析主要使用反相色谱柱，通常为 ODS（C_{18}）为填料的色谱柱，该类型色谱柱经过改良可以增加其在不同环境下（如高 pH，高比例水相等）的稳定性，从而更好地用于生物样本分析。我们如果想要提高中等极性或非极性化合物分离的分辨率和稳定性，就需要降低对极性化合物的保留能力。这种情况下，可以使用离子对试剂来改善极性化合物的保留，但是大部分离子对试剂都不能与质谱系统兼容。所以对于高极性代谢物来说，通常使用 HIL-IC 色谱来进行分析，得到的结果也可以与 ODS（C_{18}）互相补充。与 ODS（C_{18}）相比，HILIC 分析不足主要表现在保留时间的重现性较差、需要较长的系统平衡时间、使用的有机溶剂的量较大[4,5]。这些因素会影响实验的检测通量，也阻碍了 HILIC 作为一种正交方法在代谢组学研究中的广泛应用。

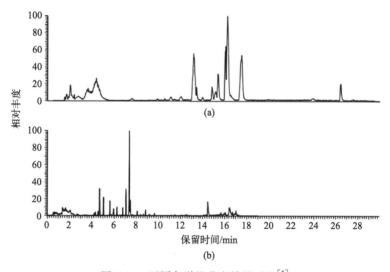

图 4-10　不同色谱柱分离效果对比[6]

混合固定相可以在使用单一固定相的前提下提供多样化的分离机理，可以对大多数的代谢物进行保留，提高代谢组学检测的覆盖率。许多材料已经被用于这种混合的固定相，包括石墨烯量子点[7]，固定化的离子液体[8] 等。由于大多数的混合固定相都是近期发展起来的，并且只在一小部分化合物中进行实践应用，所以目前很难评价这些方法是否显著提高了代谢物检测的覆盖面。此外，这些固定相在设计之初主要依赖流动相系统完成化合物分离，这些流动相通常不可以兼容质谱检测，这也影响其与质谱联用进行代谢物分析。

4.4.2　二维液相色谱

对于液相色谱来说，二维分离最大的优点就是可以提供不同的分离机制，有助于对更大范围内的化合物进行分离分析。前面我们提到，可以通过开发固定相来增加代谢物的检测覆盖面，另外一个比较简单的方法就是直接使用具有不同填料的色谱柱进行化合物的分离分析。现在，通过使用不同的色谱柱已经开发了很多方法用于多维液相分离，大部分方法都是将具有正交分离性质的色谱柱进行串联使用[9]。将色谱柱进行线性结合最为简单[10]，该方法不需要专门的色谱系统，并且可以改善化合物的保留行为，但是这种方法的局限在于被串联的色谱柱需要在相同的流动相系统下工作，这就限制了色谱柱之间的互相组合。此外，在同一个泵系统下进行色谱柱串联使用，可能导致柱压升高，超过系统阈值。

另一个方法则相对复杂，需要使用特殊的系统，该系统可以将样本分别注入两根色谱柱中，使用两个泵系统通过进样切换完成分析。该方法可以在一个分析中提供两个独立正交的分离信息。二维液相通常可以分为全二维和中心切割二维色谱，前者来自色谱柱 1 的洗脱液被分次收集并重新注入色谱柱 2 中，后者则是将流经色谱柱 1 的洗脱液的选定部分重新注入色谱柱 2 中进行分析。两种方法均被证明在高度正交的第二维分离下可显著提高峰容量并缩短运行时间，并且可以在不同维度的分离分析中使用互不兼容的流动相[9]。

4.4.3　离子淌度质谱

离子淌度质谱可以对气相离子进行分离，主要的原理是通过不同大小、不同形状的离子在电场作用下通过缓冲气体的时间差进行离子的分离，为质谱分离提供了补充信息[11]。离子淌度是指离子漂移速度与电场强度之间的比例关系。离子淌度的分离可以在毫秒范围内完成，因此可以很容易与 LC-MS 进行整合，为实验研究提供另一个维度的分离信息，这也使得离子淌度技术成为 LC-MS 主要的升级方向，用于进一步提高代谢物检测的覆盖面。但是，随着分离维度的增加，数据的复杂性也随之增加，后续的数据处理需要设计专门的软件来完成。对于小分子来说，由于化合物在气相中质子化位点的不同，相同的分析物可能会产生多个离子淌度峰。由于离子淌度出现的时间较晚，所以缺乏有针对性数据处理和分析的软件，但是随着该技术的广泛应用，这一问题应该会在短时间内得到解决[12]。

4.4.4　液相色谱-质谱-固相萃取-核磁

LC-MS 具有高灵敏度、高通量的优点，是获得高覆盖度代谢组学分析的理想工具，它的主要缺点是无法提供化合物的准确结构信息和定量信息。而核磁共振波谱（NMR）刚好可以弥补这些不足，但是它的缺点在于灵敏度较低。NMR分析必须要使用氘代溶剂，这使得将NMR与质谱结合变得非常昂贵，此外，重同位素的引入也使质谱图变得更加复杂。但是，通过在二者之间增加SPE分离步骤，开创性地将二者进行了结合。流经LC-MS的洗脱液可以在SPE柱中收集，去除流动相，引入氘代试剂供NMR分析[13]。但是这样的系统不易上手操作，需要研究者熟练掌握两种技术才能进行实验。对于复杂、费时费力的纯化操作步骤来说，该技术的确是一种飞跃。鉴于LC-MS对已知化合物的快速鉴定能力，该技术可以迅速将分析物分为已知和未知两大类。与NMR的在线选择相结合，我们可以将NMR强大的结构解析能力专注于未知化合物上。因此该技术具有高通量代谢物鉴定的潜力，可以为代谢组学数据库提供更加全面的数据[14]。但是，由于这种系统的复杂性和成本以及需要熟悉这两种技术的训练有素的科研人员才能进行仪器操作，所以LC-NMR技术的发展并不像我们想象的那样成熟。截至目前，该技术只是应用在一小部分研究当中，当然这些研究也为该技术在代谢组学中的应用奠定了基础。

4.4.5　离子源

在基于LC-MS的代谢组学研究中，比较常用的电离技术包括电喷雾电离（ESI）、大气压化学电离（APCI）和大气压光电离（APPI）。不同的离子源可用于具有不同物理化学性质的化合物的电离和分析，而且大部分化合物会在正离子模式或者负离子模式下产生较强的信号，因此使用具有互补性质的离子源和采集模式可以显著提高代谢物检测的覆盖面。

LC-MS中最常用的电离方式为ESI，它可以高效地电离亲水性和中等极性的化合物，而APCI和APPI可以较好地电离低极性且热稳定的化合物，可以作为ESI补充。现在大多数的质谱仪都可以离线更换离子源，我们可以在实验过程中选择一种合适的离子源进行样本的分析检测。也有一小部分仪器可以提供在线离子源转换的功能，这些技术已被报道可以使代谢物检测的覆盖率增加$10\%\sim20\%$[15,16]。但是，离子源在线切换或者在线正负切换扫描的不足在于，在切换过程中仪器需要时间来稳定，这就会使扫描频率降低，最终会影响检测的灵敏度和色谱峰的扫描点数。若要克服这一问题，我们需要在仪器研发时着重提高质量分析器的灵敏度，提高扫描速率，降低电子稳定的时间等。

4.4.6　串联质谱数据的获取

代谢组学分析除了需要能尽可能多地检测到存于生物样本中的化合物之外，

还需要能够提供化合物的结构信息。在检测到的离子中，存在着相当一部分是与生物样本无关的信息（如污染）或者冗余信息（如加合离子、同位素峰、源内裂解碎片和多电荷离子等），所以对得到的信号进行归类和结构解析对于代谢组学研究来说也非常重要。代谢组学数据通常是在全扫描的模式下获取的，即所有经过电离源产生的离子在一个很宽的质荷比范围之内进行扫描。碎片离子获取则是在全扫的基础上增加了一个步骤，来选择特定的离子进行碎裂。通常会使用DDA 模式进行碎片离子获取，在该模式下，仪器会选择很窄的隔离窗口，保证目标离子被选择和碎裂，获得的结果有明确的母离子→子离子信息。DDA 数据很容易解释，但是完成每一个母离子的扫描都需要一定的时间，所以该模式只能对有限数量的离子进行串联获得碎片。DIA 扫描使用较宽的离子隔离窗口，可以提供更高的检测覆盖面，主要包括 MSe、AIF、SWATH、PAcIFIC 和 MSX等形式。DIA 可以提供到达检测器的所有离子的碎片信息，但是不能直接给出母离子→子离子对应关系。

碎裂方式和碰撞能量的选择同样会影响所获取的碎片离子的信息。CID 和HCD 是最常用的两种获取碎片离子的方式，前者通常应用于 Q-TOF、QQQ 和IT 质谱中，而后者则通常在 Orbitrap 家族的质谱仪中使用。使用不同的碎裂方式获得碎片离子，可以为代谢组学和其他化合物分析提供互相补充的质谱数据信息。

4.4.7 改善数据获取的策略

基于 Orbitrap 和 TOF 的质谱仪是代谢组学研究中应用最广泛的高分辨质谱仪，它们都可以提供较高分辨率，大约为 35000（Q-TOF 系统）和 200000（Orbitrap 系统）。目前 UHPLC 的色谱峰峰宽为 3～6s 或更短，所以要求质谱系统需要具备高数据采集速率才可以与 UHPLC 进行联用。对于定量分析来说，需要一个色谱峰至少包含 5～15 个数据点才能保证分析结果的准确和可靠。UHPLC 分析可以设置的流速范围较宽，这意味着只要 MS 采集速率能够跟上，就可以通过增加流速来进一步缩短分析时间。相比于扫描型质量分析器（如四极杆和离子阱系统），TOF 和 Orbitrap 质谱分析可以一次分析整个质量范围，并在较宽的质量范围内保持相对较高的采集速率。Orbitrap 系统可提供高达240000～500000 的分辨率，最新的 Lumos 系列仪器 FWHM 分辨率可达到1000000[17,18]。但是仪器的分辨率与质量分析器进行数据累计的时间成正比，所以 Orbitrap 系列仪器在与 UHPLC 联用时，为了提高数据采集速率，通常会牺牲检测的分辨率。相比于 Orbitrap 质谱，Q-TOF 质谱的分辨率略低，但是 Q-TOF 可以提供高达 100Hz 的扫描速率而且不受空间电荷效应的影响，所以 Q-TOF 可以完成复杂的碎片串联质谱实验，并且在正交系统（如 IMS）联用方面更具潜力。事实上，大多数 DIA 方法起初都是在 Q-TOF 平台上为蛋白质组学开发的。最近也出现了几种商用 LC-IMS-Q-TOF 质谱仪，用于分离异构体并提供 CCS 值。

UHPLC 与高分辨质谱仪的开发和联用显著提高了可检测的代谢物数量，但是如果我们要全面覆盖所有代谢组，那么该数量还需进一步增加。计算机技术的发展似乎可以帮助我们鉴定未知的化合物，但仪器和实验方法的改进才是增强检测覆盖面的主要因素。期待未来在仪器和采集方式上有更大的进步，帮助我们进一步完善代谢组学研究。

4.5　质谱使用注意事项

随着质谱技术的不断发展，质谱已经逐渐成为代谢组学研究以及其他科学研究的一个主要平台。在代谢组学实验中，质谱作为前端数据的采集工具，其数据获取的准确性和稳定性将会直接影响后续流程的进行，足以见得质谱的重要性。本节主要介绍在质谱使用过程中应该注意哪些问题。

现在很多厂家都在试图简化仪器操作的步骤，使质谱仪可以实现傻瓜式操作，但是如果对质谱仪、对所要操作的仪器有充分了解的话，可以帮助我们更好地使用这一工具来完成实验，也会避免很多不必要的错误，正所谓磨刀不误砍柴工。

在使用质谱过程中，需注意以下几点：

① 测样之前要对仪器进行调谐和校正。否则会直接影响质谱采集数据的质量，例如由于未对质谱仪进行校正而造成的质量数偏差过大，会导致无法进行后续的化合物鉴定。因此质谱的调谐和校正非常重要。

② 了解实验目的。实验的目的决定了如何选择质谱类型（高分辨还是低分辨）、扫描模式（全扫、DDA、DIA、MRM 等）、进样的方式（LC-MS 还是直接进样）等，了解实验目的才可以使我们准确制定实验方案，节省人力物力。

③ 样本运行过程中，需查看数据采集的情况。编辑完一个序列表后，点击运行，听到液相机械手臂在移动，完成进样。虽然一个序列可能持续十几个小时或者几天的时间，但是运行中间还是要时常查看运行状况，注意观察流动相的液面（即使有液面设置参数）、观察实时校正内标的剩余量，遇到问题可以及时解决。

④ 清洗离子源。离子源是质谱的入口，质谱仪的一个重要组成部分，但是常常会被忽略。在使用仪器时，通常是一个序列接着一个序列做，像代谢组学这样的实验，大批量检测生物样本，离子源很易被污染，离子源的污染会直接影响

信号的检测，所以在实验之前要观察离子源的状况，及时清洗。

⑤ 注意色谱柱的接口。色谱柱的管线在购入时，各个小部件都是零散的，使用前需要将各部分组装好拧入目标色谱柱进行造模。由于各个厂家的色谱柱柱头位置设计不同（图 4-11），所以在替换色谱柱时要多加留意。这种不锈钢的管线通常需要使用扳手来拧，如果螺纹不匹配或者管线入口长度不匹配，很容易造成管线被卡死在色谱柱中，造成损失。

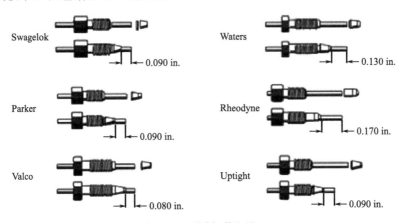

图 4-11　不同色谱柱接口

当然，质谱使用过程中还有很多需要注意的问题，如流动相的选择、流动相添加剂的选择等，这些问题相信都是仪器管理员着重强调的问题。在一次报告中听到这样一句话，分享给大家：LC-MS 中，80％以上的问题来自于 LC；MS 中，80％的问题来自于离子源和离子光学；所有问题中，有 80％是应用问题或者污染问题。

4.6　代谢组学数据处理时如何去除外源性物质干扰

代谢组学主要针对机体内源性物质进行研究，外源性物质的引入可能会对实验结果造成影响，所以在代谢组学统计分析之前，我们需要对外源性的物质产生的信号进行排除。外源性物质主要来源于食物、药物及其代谢物，所以如果研究中动物的模型不是通过给予某种药物建立的，或者对比的组别中不涉及给药组，那么外源性物质的影响相对较小。如果动物给予的是相对较纯的药物（如西药，或者纯度较高的植物提取物等），排除这些药物及其代谢产物的影响也相对容易。但是如果用代谢组学的技术来评价某种中药或者中药复方的药物作用，由于中药的成分非常复杂，很难事先将中药中所有的成分及其代谢产物逐一查询并排除，而且如果将这些成分也纳入进行多元统计分析，会对统计结果产生影响，进而影响最后的实验结果，所以在使用中药或者植物药进行代谢组学研究时，一定要去除外源性物质，从而正确评价药物对机体的作用。

已发表的文章中，很少有作者详细叙述排除外源性物质的过程，在此结合自身的经验简单总结。常用的排除外源性成分信号的方法主要有：

① 对原始数据峰提取、对齐和归一化后，进行多元统计分析如 PCA、PLS-DA、OPLS-DA，筛选出对分组贡献较大的化合物，并对其进行鉴定判断是否为外源性成分，如果是外源性成分，则从数据中剔除，然后再次进行多元统计分析，如此循环操作，直到筛选到的标志物均为内源性代谢物。

② 首先比较给药组和空白组的色谱图，寻找到药物的原型成分及其代谢物，然后在代谢组学数据中将这些外源性的成分数据逐一去除，最后进行多元统计分析。

以上两种方法操作相对烦琐，而且对于外源性物质的排除率不是很高。接下来介绍一种操作简单、快速且对外源性物质排除相对彻底的方法。主要流程如下：

① 首先对获取的原始数据进行峰提取、校正和归一化，这些操作一般的仪器配套的代谢组学分析软件都可以完成。

② 对样本进行分组，将实验中的所有组别分为两个大组，未给药组（空白组、模型组等）和给药组（高、中、低剂量给药组等）。

③ 数据过滤：针对上述两个大组，我们去除在给药组中有信号，在未给药组中信号为零或几乎为零的数据点。

信号排除的方法有很多：直接观察数据列表进行排除；将两大组数据进行 OPLS-DA 分析，在 S-Plot 中选择差异化合物观察之后再去除。现在有一些软件可以直接帮助我们达到这一目的，如 Progenesis QI，在进行统计分析之前，可以选择来源于哪一组的数据进行下一步统计分析，如选择来源于空白组信号提取的数据进行分析，就可以帮助我们排除外源性物质。

本方法不需要预先获得药物的组成及其代谢物的信息，通过分组设计，大多数外源性成分会集中在 S-Plot 的一侧，再根据外源性成分只有在给药组中存在，而在另一组中响应值几乎为零的假设，将其选出然后排除。排除了外源性物质的数据之后，再进行下一步的统计分析，来观察内源性代谢物在药物作用下的变化，使实验结果更加准确可靠。

4.7 实验过程中需要注意的问题

以质谱为研究平台的代谢组学可以同时对数以千计的代谢物进行定性检测

和定量分析，但是由于代谢物的物理化学性质差异很大且动态范围较宽，使我们很难对其进行准确的鉴定和可靠的定量分析。离子抑制、碎片离子以及异构体的存在使得同时对复杂基质中的多种化合物进行定量分析也非常具有挑战性。

本节简单介绍一下在代谢组学实验过程中应该注意的一些问题。

4.7.1　样本处理（样本收集、淬灭、代谢物提取、储存）

样本处理是代谢组学实验流程中最开始也是很重要的一个步骤，其目的在于将化合物代谢快速终止或淬灭，这不仅有利于提取稳定的代谢物，而且也能保证提取出的代谢物可以准确反映原始活细胞中存在的内源性代谢物水平。这对于细胞和组织等高代谢活性的系统来说尤其重要，在血样或尿液等生物流体中次之[19]。事实上，目前尚无一个方法可以满足所有的研究需求，每种样本都需要特定的样本收集、淬灭和提取方法。

淬灭需要满足以下两个条件：①完全终止所有酶的活性；②避免对现有的代谢物水平产生干扰。淬灭的效率可以通过对不同提取方法进行比较来评价，或者通过检测加入到淬灭溶剂中同位素标记的标准品的丰度来评估。对于组织样本来说，推荐在取样后将样本迅速放入液氮中进行快速冷冻，然后再放入−80℃冰箱中保存。但是对于体积较大的组织来说，这种液氮冷冻的方式可能会有冷冻不充分的情况产生，因为组织中间的部分需要较长的冷冻时间，在这种情况下，最好使用冷冻夹紧的方法使样本瞬间被预冷的金属夹子压扁[20]。

不管使用哪种淬灭的方法，淬灭之后的操作步骤也需要我们注意。例如，冻干操作不规范或者没有将样本保存在密闭的容器中会引入一些污染。如果对样本中挥发性的成分感兴趣，最好不要使用冻干操作。样本存储的方式与所感兴趣的目标化合物的稳定性密切相关，但是通常来说不推荐在 0～40℃的环境下进行存储，因为在此温度下代谢物在残留的水相中会被浓缩[21]。所以，在样本分析之前，要将样本完全干燥，并且储存的时间越短越好。此外，还要保证在样本复溶时代谢活动被淬灭，这对于那些含有次级代谢产物的样本尤为重要，在这类提取物中，如果不加以检查，被降解的酶会恢复活性，可能会导致某些代谢物的消耗或转化，同时出现新的化合物或分解产物[22]。

细胞生长的培养基和所使用的初始萃取溶剂也是需要我们注意的一个方面。在进行质谱分析之前，需要通过反复清洗步骤去除培养基，以减少离子抑制效应。此外，由于代谢物提取的溶剂与仪器的溶剂系统不兼容，在分析之前也需要将其替换。这里有两点需要注意：①清洗过程会导致代谢物的损失；②去除溶剂会使代谢物的浓度变高，从而加快它们之间的化学反应。因此在方法优化时要保证提取和处理的方法能够充分表征细胞内代谢物的水平。

4.7.2　样本重复和随机化

代谢组学样本重复可以分为生物学重复、技术重复以及分析重复。分析重复是指对同一个样本进行重复进样分析；技术重复涵盖整个实验过程，可以对数据产生过程中任何实验误差进行全面评估。对于新建立的提取方法或样本处理流程，以及新的分析技术或者优化新的仪器设备来说，这些重复分析是非常重要的。

生物学的重复则更加重要，代谢组学研究中生物学重复越多越好，至少要有四个，具体的重复数量与实验对象、统计方法以及实际的误差决定[23]。对于植物来说，样本可以在一天的同一时间并且相同的环境状况下进行采集。对于大多数研究对象，则建议进行完全独立的生物学实验。我们可以在实验不同的阶段如取样、淬灭、提取和分析时，进行技术重复性的考察，而且要独立于整个实验过程进行，其中，提取步骤最为重要。是否需要技术重复来支持生物学重复在很大程度上取决于变异的相对幅度；在生物学差异大大超过技术变异的情况下，可以选择牺牲技术重复来关注生物学重复。对于一个新的研究系统，建议进行完整的预实验来对技术重复和生物学重复进行评估，以确定需要多少样本和多少重复试验才能达到统计的稳定性。

在整个代谢组学实验中，对样本进行随机化也是一个十分重要的步骤。如果以非随机的样本顺序进行样本检测，样品存放时间或仪器性能变化的差异可能会影响后续的生物学解释，掩盖样品组之间的生物学差异，或者引入人为的误差。在大样本的代谢组学分析中，样本分析需要持续数周甚至更长的时间，所以样本的随机化就更为重要。

无论我们在实验中检测了多少样本，都需要进行 QC 样本检测以及批次校正，它可以帮助我们观察仪器的重复性和稳定性，从而考察数据的质量。我们可以选择规定浓度的已知代谢物的混合物或者标准的生物提取物（拟南芥、大肠杆菌、人类细胞提取物等）作为参考样本，使用这些样本可以增强定量分析的准确性，同时也可以为代谢物鉴定提供参考。混合 QC 样本通常被用来进行方法学考察，校正批次间的误差，但是这类不能像参考样本那样可跨实验使用。

4.7.3　定量分析

代谢组学数据大部分提供的是相对含量的关系，由于复杂混合物中不同代谢物的电离效率存在差异，所以代表不同化合物的 LC-MS 峰的相对强度与绝对浓度并没有直接关系。我们可以通过使用标准曲线来考察峰强度与浓度之间的关系，以及它们之间关系的线性范围。相对值在很多时候可以展示体内代谢物的水平及其在不同组别中的变化情况，但是绝对含量可以帮助我们检测酶活性、代谢反应的热力学过程、原子通过代谢网络流动的分子动力学过程等。在实践中我们很难获得一个复杂样本中数以千计的代谢物的标准曲线，另外，由于离子相互作用、离子抑制等因素，许多代谢物信号与浓度会呈现非线性关系，这些因素会使定量分析变得十分复杂。当使用外标法进行定量时，由于标准品检测的基质比生物样本基质简单得多，所以分析结果也存在一些问题。我们通常使用同位素标记内标或内标外标混合的方法进行定量分析。

对于组织样本的定量分析来说，我们还需要考虑代谢物表达的基础量。组织样本通常表示为每克湿重或者干重的组织，体液则用体积相对量来表示。细胞样本则相对复杂一些，因为给定的细胞的量通常会有变化，含量信息通常以与总蛋白质或者总细胞数的比值来表示。

4.7.4　离子抑制

离子抑制是 LC-MS 分析中普遍存在的问题，主要是因为基质效应影响了共流出化合物的离子化效率，这会影响定量分析的准确性，也会使低丰度的代谢物不容易被检测到。我们可以通过混合两个独立提取物的方式来评估离子抑制的潜在影响，也可以通过观察可被检测到的代谢物是否可以定量回收来评估离子抑制效应。在样本分析过程中，共流出的化合物会竞争电离导致电离不充分的现象产生，所以如果检测到的离子数量比较少，可能是由于其本身浓度较低或是共流出化合物的浓度较高引起的。

在离子抑制的问题上尚没有通用的解决方案，但是对离子抑制效应的评估可以提供更加准确可靠的数据。目前已有一些方法来帮助我们减少离子抑制效应的影响，其中最有效的方法为改善样本前处理和提高色谱分离的选择性。根据样本的类型和待测物的性质进行针对性地样本处理可以去除共流出物的影响，包括对提取物进行简单的稀释，以及优化样本处理的各个步骤，如超声提取，溶剂萃取、过滤、离心以及蛋白沉淀等。固相萃取被证明是一种有效减少基质干扰的手段。此外，通过调整色谱条件（流动相组成和洗脱梯度），有助于色谱分离，使目标物不会在抑制区域流出，从而提高检测的灵敏度。

离子源参数和色谱柱填料的选择也是降低离子抑制的有效手段。例如，AP-CI 源进行分析时，基质效应较 ESI 源要小很多，同时也可以减少其他干扰[19]。另外，有报道称相比于正离子检测模式，负离子模式下的离子抑制不太严重。尽管上述方法不足以完全消除复杂样本中的离子抑制效应，但是至少可以用这些方法做对照来对离子抑制进行量化评估。

4.7.5 峰错误归属

通过使用正交的检测信息如色谱和质谱以及串联质谱信息可以提高化合物归属的准确性。目前最先进的仪器系统可以在一次分析中检测数以万计或十万计的信号，但是其中包括了大量的加合离子和同位素峰。在化合物鉴定时，软件会根据操作者的设定，从这些信号或者加合离子中筛选有用的信息来辅助鉴定。造成代谢物错误归属主要有以下原因。

自然界中存在着大量分子量和元素组成相似但是结构不同的化合物，即同分异构体，例如己糖磷酸盐和肌醇磷酸盐、柠檬酸盐和异柠檬酸盐、葡萄糖和果糖以及丙氨酸和肌氨酸等在生物体内有重要活性的小分子。单独使用高分辨质谱仪可能不足以区分这些异构体，特别是当它们的碎片分布很相似时，就更难区分。另外，有些类型的异构体，在常规的反相色谱中也不能很好地分离。这时可尝试使用离子对色谱、HILIC 色谱柱和其他色谱方法或者使用化学衍生化的方法改善分离。如果有异构体不能分离时，我们需要在实验结果中声明，因为这些化合物的生物学功能可能会有很大差别。

化合物信号重叠时会影响一些代谢物的检测。当质谱的分辨率提高时可以在一定程度上改善这一问题，但是目前大部分仪器的分辨率很难对偏差在 5ppm 以内的离子进行区分。这一问题主要影响的是那些色谱无法分离且质谱也不能对其进行区分的化合物的鉴定。

源内裂解产物的生成，在 LC-MS 分析中较为常见，也会影响代谢物的归属。主要来源于丢失水、二氧化碳或者磷酸氢盐，更复杂的包括分子重排以及与其他化合物聚合。源内裂解会降低代谢物母离子的强度，产生的碎片离子与其他化合物共流出而影响鉴定准确性，例如碎片离子与其他代谢物的分子式一样的情况。

如图 4-12 所示，质子化的二肽 Ser-Tyr（a）与酪氨酸（b）发生了错误归属。二者均存在于拟南芥样本中，并且具有相同的保留时间（RT=2.88min）。源内裂解碎片 m/z182.08 为 Ser-Tyr 的碎片离子，具有与酪氨酸相同的元素组成，在信息归属时会导致错误归属。这提示我们在进行信号归属时要仔细核对，但是在涉及成百上千的代谢物归属时，又很难对每一个信号逐个进行人工查看。在模棱两可的情况下，可以通过对比的方式进行准确鉴定，例如对比代谢物确定的对照突变样本的代谢组，或者将纯化的峰进行酶处理或化学处理，也可以与标准品比对来区分异构体。

对于非靶向代谢组学来说，峰过滤是一个很重要的步骤。原始数据经数据预处理生成的数据集中包含着大量的无用信息，这些信息会影响后续的统计分析，所以在进行进一步数据统计分析和生物学分析前，需要对数据集进行过滤以保证数据的质量。

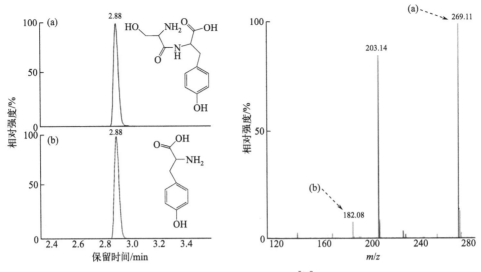

图 4-12　错误峰归属举例[24]

4.8　送公司测试样本

4.8.1　前期准备

代谢组学研究已受到越来越多的关注，很多研究者都想利用该技术从代谢的角度来解释自己的具体实验。由于开展代谢组学实验所需要的平台，如液质联用、气质联用以及核磁都非常昂贵，加上所需要的软件，可能基础款配置的投资都需要上百万人民币，因此很多实验室选择委托公司来完成实验。那么在打算送公司检测时，需要了解哪些信息呢？

了解实验：主要研究内容，研究对象的分组情况，想通过代谢组学分析解决什么样的问题等。

了解样本：样本的类型（血液、尿液、组织等），样本量（个数、含量等），样本用途（是否除了代谢组学分析还需要做其他方面检测）。

了解检测平台：LC-MS、GC-MS 等。

了解样本用途：如果样本除了用作代谢组学分析外，还用于其他检测，则最好在取样时将样本进行单独分装（具体用量可以咨询公司）。尽量不要把所有样本都寄给公司，测试完再将剩余样本寄回，太耽误时间。

了解测试方式：非靶向分析以发现为目的，对样本进行全面分析，寻找标记物；靶向分析根据实验的目的，定向检测某一类化合物，如脂肪酸、氨基酸、胆汁酸等。主要取决于自己对研究对象的前期工作基础，另外，不同的检测方式，价格会有相应差别。

了解自己的需求：明确希望通过代谢组学分析解决什么问题？在与公司沟通的过程中，一定要多提要求，自己能想到的问题都可以与公司沟通。虽然通常在测试结束后会提供一个报告，但是这个报告里包含的都是一些很常规的图和表，大部分情况需要用户自己从中挖掘可用的信息。所以如果能在最开始的沟通中明确自己的研究目的，使后续分析能够有的放矢，则会节省很多时间。

4.8.2　文章书写

公司的主要任务是样本的检测，保证检测方法的稳定性和检测结果的准确性。而文章的书写通常是要由用户来完成的，所以即使公司提供了英文的报告，也不要将其直接复制粘贴在文章中，因为所有用户的报告模板都是一样的，需要自己重新书写，避免重复率过高。

另外，所提供的报告内容其实是一篇文章的"方法"和"结果"部分的简单展示，用户还需要根据自己的实际研究对所提供的结果进行进一步讨论和分析。所以，一篇文章的质量是由用户决定的，在保证检测结果准确度前提下，自己实验的研究目的、研究对象、展示方式等因素决定了文章是否可以引起读者的兴趣。

当然，如果一个公司参与过高分文章的发表，而且文章中有自己的实验可以借鉴的地方，那么公司是可以为自己的实验设计提供一些意见的。

4.8.3　提供信息

如果刚刚接触代谢组学，在阅读文献时，可以将文献中对自己的实验描述或者解释有帮助的图表粘贴在一个文档中。在与公司沟通时，可以直接将这个文档发给公司，询问是否可以做出类似的图表。

4.8.4　如何查看公司反馈的结果

当公司将检测结果反馈回来时，面对文件夹中各种结果文件，我们应该如何取舍、如何查看、如何使用这些检测的数据来组织自己的文章呢？

首先要充分了解实验设计，因为经常会遇到以下情况：①负责查看结果的人员其实并未参与实验设计；②交付公司测样时只提供了样本，并未沟通实验的具体细节。第一种情况，需要跟当时负责人去沟通，获取实验设计的详细资料；第二种情况，公司往往会对样本做一套常规的分析，这个就需要从分析结果中提取自己想要的结果。

在测试之前与公司交流时，要对自己的实验有充分的了解，想要得到什么样的结果，想如何利用结果与自己现有的实验结果相结合等，这些问题都可以和公司进行交流。总之，提供的信息越具体、越明确，最后才越有可能得到自己需要的结果。

(1) 比较重要的信息（发文章时会使用到）

① 样本的前处理方法；

② 仪器分析的方法（包括色谱柱的型号、流动相的组成及梯度、质谱仪的各项参数等）；

③ 代表性的原始数据（图片或者 .csv 格式数据）；

④ 数据预处理方法；

⑤ 原始数据经过数据预处理之后的数据集（便于后期根据自己需要重新进行数据分析）；

⑥ QC 样本的制备方法以及预处理之后的数据集；

⑦ 详细的数据分析方法（使用的软件、软件的设置等）。

(2) 查看结果文件　结果文件中基本就是各个统计分析的结果（图 4-13），如果不想挨个查看，可以直接查看公司发回的实验报告（report），里面会对整体的实验流程有较为详细的介绍。

01_Metabolome_data	2018/10/6 22:05	文件夹
02_QC_QA	2018/10/6 22:06	文件夹
03_Metabolite_annotation	2018/10/6 22:05	文件夹
04_PCA_analysis	2018/10/6 22:05	文件夹
05_Heatmap	2018/10/6 22:05	文件夹
06_PLSDA_analysis	2018/10/6 22:05	文件夹
07_Univariate_analysis	2018/10/6 22:05	文件夹
08_OPLSDA_analysis	2018/10/6 22:05	文件夹
09_Pathway_analysis	2018/10/6 22:05	文件夹

图 4-13　结果文件截图

如图 4-14 所示，有些公司不会给出 ID 来自哪个数据库（例如 HMDB 或者 KEGG 数据库），所以需要与公司咨询了解，因为如果后期使用 MetaboAnalyst 或其他软件进行代谢通路分析时，这个 ID 很重要，虽然软件也可以根据化合物的名称自动检测 ID，但是如果直接给出的话会更方便。

测试公司给出的结果都是提供的样本在数值上的体现，其具体的生物学意义还是要根据自己实验的实际情况进行进一步的解释或者验证，也就是文章的"讨论"部分。这一步很重要，因为很难有公司可以对各类疾病、各类模型都有很深入的了解，当然也不排除付费分析结果的可能。

接下来就可以根据自己的需要来组织文章的框架，挑选结果图片，进行文章书写。在设计文章结构时，可以参考一下相关的代谢组学文章的行文顺序。在文

Name	HMDBID	KeggID	Pathway	P136_S1	P136_S5	P136_S13	P1
2-Hydroxypyridine	HMDB13751	C02502	NA	164613	161880	226317	
Myoinositol	HMDB00211	C00137	Galactose	169317	131512	143231	
Glyceraldehyde	HMDB01051	C02154	Glycerolipi	431	191	261	
Hydroxylamine	HMDB03338	C00192	NA	51522	65403	124219	
Ethanolamine	HMDB00149	C00189	Phospholip	42772	45614	27124	
Spermidine	HMDB01257	C00315	Methionine	1105	993	619	
Ratio of Ethanolamine	HMDB00149/HMDB00	C00189/C00346	Phospholip	7.514406	9.05399	3.080522	4
Dimethylglycine	HMDB00092	C01026	Betaine Me	5888	5344	3997	
L-Alanine	HMDB00161	C00041	Alanine Me	739	6374	1237	
2-Hydroxybutyric acid	HMDB00008	C05984	NA	97768	118776	179362	
Sarcosine	HMDB00271	C00213	Glycine and	581	932	708	
Ketoleucine	HMDB00695	C00233	Valine, Leu	206	126	538	
L-Alpha-aminobutyric	HMDB00452	C02356	NA	2473	830	1055	
L-Valine	HMDB00883	C00183	Propanoat	725	1750	1934	
Urea	HMDB00294	C00086	Arginine ar	1116088	1181166	1292179	

图 4-14　数据集截图

章书写的过程中，如果不知道如何表达（例如样本处理方法、仪器分析方法等），可以在公司官网查看他们客户的文章，参考他们的表达方式，注意合理引用。

从得到公司测定的结果，到文章发表（这里把最终结果暂定为文章发表），这个过程当中要及时与公司进行沟通。特别是在稿件修改阶段，如果审稿人问到了实验的具体细节或者要求提供某些特征的谱图时要及时寻求公司帮助。

参考文献

[1] DUNN W B, BROADHURST D, BEGLEY P, et al. Procedures for large-scale metabolic profiling of serum and plasma using gas chromatography and liquid chromatography coupled to mass spectrometry [J]. Nature Protocols, 2011, 6 (7): 1060-1083.

[2] WANT E J, WILSON I D, GIKA H, et al. Global metabolic profiling procedures for urine using UPLC-MS [J]. Nature Protocols, 2010, 5 (6): 1005-1018.

[3] WANT E J, MASSON P, MICHOPOULOS F, et al. Global metabolic profiling of animal and human tissues via UPLC-MS [J]. Nature Protocols, 2013, 8 (1): 17-32.

[4] BERTHELETTE K D, WALTER T H, GILAR M, et al. Evaluating MISER chromatography as a tool for characterizing HILIC column equilibration [J]. Journal of Chromatography A, 2020, 1619: 460931.

[5] WANG L, WEI W, XIA Z, et al. Recent advances in materials for stationary phases of mixed-mode high-performance liquid chromatography [J]. TrAC Trends in Analytical Chemistry, 2016, 80: 495-506.

[6] PEREZ DE SOUZA L, ALSEEKH S, SCOSSA F, et al. Ultra-high-performance liquid chromatography high-resolution mass spectrometry variants for metabolomics research [J]. Nature Methods, 2021, 18 (7): 733-746.

[7] WU Q, SUN Y, ZHANG X, et al. Multi-mode application of graphene quantum dots bonded silica stationary phase for high performance liquid chromatography [J]. Journal of Chromatography A, 2017, 1492: 61-69.

[8] REN X, ZHANG K, GAO D, et al. Mixed-mode liquid chromatography with a stationary phase co-functionalized with ionic liquid embedded C18 and an aryl sulfonate group [J]. Journal of Chromatography A, 2018, 1564: 137-144.

[9] HAGGARTY J, BURGESS K E V. Recent advances in liquid and gas chromatography methodology for extending coverage of the metabolome [J]. Current Opinion in Biotechnology, 2017, 43: 77-85.

[10] ALVAREZ-SEGURA T, ORTIZ-BOLSICO C, TORRES-LAPASI J R, et al. Serial versus parallel columns using isocratic elution: A comparison of multi-column approaches in mono-dimensional liquid chromatography [J]. Journal of Chromatography A, 2015, 1390: 95-102.

[11] GABELICA V, MARKLUND E. Fundamentals of ion mobility spectrometry [J]. Current Opinion in Chemical Biology, 2018, 42: 51-59.

[12] GABELICA V, SHVARTSBURG A A, AFONSO C, et al. Recommendations for reporting ion mobility Mass Spectrometry measurements [J]. Mass Spectrometry Reviews, 2019, 38 (3): 291-320.

[13] SUMNER L W, LEI Z, NIKOLAU B J, et al. Modern plant metabolomics: advanced natural product gene discoveries, improved technologies, and future prospects [J]. Natural Product Reports, 2015, 32 (2): 212-229.

[14] BINGOL K, BRUSCHWEILER-LI L, YU C, et al. Metabolomics Beyond Spectroscopic Databases: A Combined MS/NMR Strategy for the Rapid Identification of New Metabolites in Complex Mixtures [J]. Analytical Chemistry, 2015, 87 (7): 3864-3870.

[15] GALLAGHER R T, BALOGH M P, DAVEY P, et al. Combined Electrospray Ionization-Atmospheric Pressure Chemical Ionization Source for Use in High-Throughput LC-MS Applications [J]. Analytical Chemistry, 2003, 75 (4): 973-977.

[16] NORDSTR M A, WANT E, NORTHEN T, et al. Multiple Ionization Mass Spectrometry Strategy Used To Reveal the Complexity of Metabolomics [J]. Analytical Chemistry, 2008, 80 (2): 421-429.

[17] ELIUK S, MAKAROV A. Evolution of Orbitrap Mass Spectrometry Instrumentation [J]. Annual Review of Analytical Chemistry, 2015, 8 (1): 61-80.

[18] FENAILLE F, BARBIER SAINT-HILAIRE P, ROUSSEAU K, et al. Data acquisition workflows in liquid chromatography coupled to high resolution mass spectrometry-based metabolomics: Where do we stand? [J]. Journal of Chromatography A, 2017, 1526: 1-12.

[19] LU W, SU X, KLEIN M S, et al. Metabolite Measurement: Pitfalls to Avoid and Practices to Follow [J]. Annual Review of Biochemistry, 2017, 86 (1): 277-304.

[20] PALLADINO G, WOOD J, PROCTOR H. Modified freeze clamp technique for tissue assay [J]. Journal of Surgical Research, 1980, 28 (2): 188-190.

[21] FERNIE A R, AHARONI A, WILLMITZER L, et al. Recommendations for Reporting Metabolite Data [J]. The Plant Cell, 2011, 23 (7): 2477-2482.

[22] TOHGE T, METTLER T, ARRIVAULT S, et al. From Models to Crop Species: Caveats and Solutions for Translational Metabolomics [J]. Frontiers in Plant Science, 2011: 2.

[23] TRUTSCHEL D, SCHMIDT S, GROSSE I, et al. Experiment design beyond gut feeling: statistical tests and power to detect differential metabolites in mass spectrometry data [J]. Metabolomics, 2015, 11 (4): 851-860.

[24] ALSEEKH S, AHARONI A, BROTMAN Y, et al. Mass spectrometry-based metabolomics: a guide for annotation, quantification and best reporting practices [J]. Nature Methods, 2021, 18 (7): 747-756.

第 5 章

代谢组学常用软件操作

5.1 如何用 Origin 软件画质谱图

在文章投稿时，通常需要我们提供分辨率较高的总离子流图（TIC）或者质谱图（Mass Spectrum，MS），如果直接将仪器离线工作站中的图复制粘贴，或者截屏粘贴，效果往往达不到分辨率要求。

常用的解决方法有：

（1）用 Ps（Photoshop）软件，对图像优化，优化显示，提高分辨率。

（2）用 PPT（PowerPoint）对图像进行处理。从软件中将图片复制粘贴到 PPT 中，右键，取消组合（通常需要多次取消组合），根据实际情况对坐标轴数据、图谱线条进行优化。这也是目前比较常用的方法，但是如果仪器采集的数据比较大（以 Waters G2Si 为例，一个原始数据都有差不多 1GB），这种用 PPT 处理图像的方法会非常慢，或者出现电脑死机的现象。

接下来，给大家介绍一种更为方便的作图方法，使用 Origin 软件生成图片，这里以 Waters Q-TOF MS 仪器采集的数据举例说明。

5.1.1 Origin 软件画色谱图

（1）导出色谱图原始数据，打开 MassLynx 软件，按图 5-1 操作"Copy Chromatogram List"。

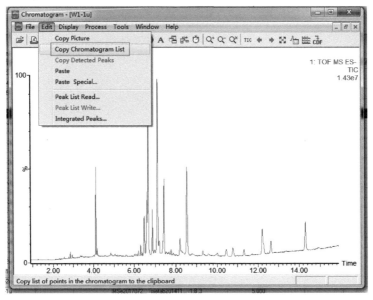

图 5-1　色谱图原始数据导出

（2）打开 Origin 软件，将数据粘贴到 origin 表格中。也可以将数据粘贴到 Excel 表格中，然后导入 Origin 软件（图 5-2）。

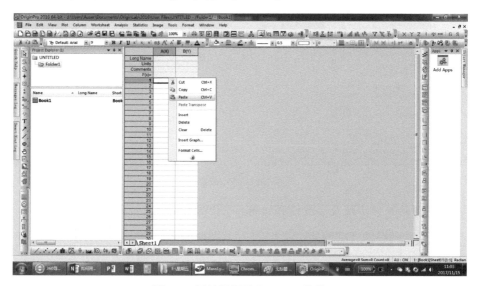

图 5-2　原始数据导入 Origin 软件

（3）按照图 5-3 步骤生成图片。

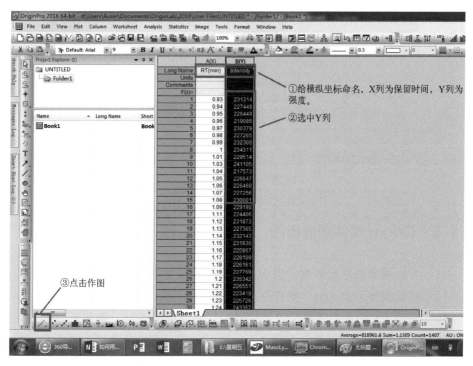

图 5-3　图片生成

（4）如图5-4所示，可以双击坐标轴调整坐标轴显示（范围、科学计数显示等）；双击图片，可以调整线的粗细。

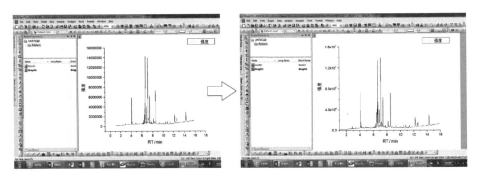

图5-4　图片调整

（5）图片导出步骤及参数设置如图5-5和图5-6所示。

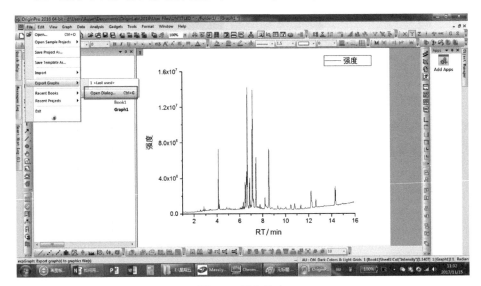

图5-5　图片导出

5.1.2　Origin 软件画质谱图

（1）导出质谱图原始数据，需要在质谱图的预览界面进行（图5-7）。

（2）将数据导入 Origin，操作与上述相似。

（3）如图5-8所示，生成图片的过程，与画色谱图不同，画色谱时选择的是线图，但是在做质谱图时推荐选择点图，原因是我们在采集质谱图时，为了减少原始数据占用的空间，通常会采集棒状图，如果用棒状图的数据做线图，显示可能会有问题。如果采集的是轮廓图，可直接按照画色谱图的方式生成质谱图。

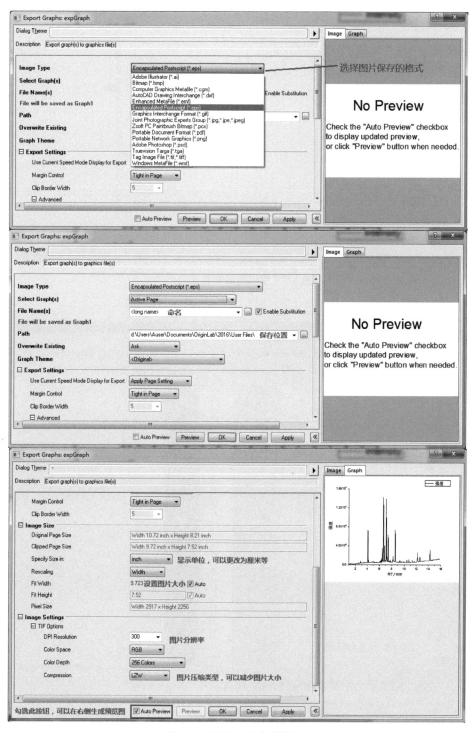

图 5-6　图片导出参数设置

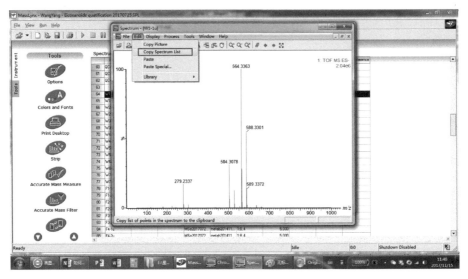

图 5-7　质谱图原始数据导出

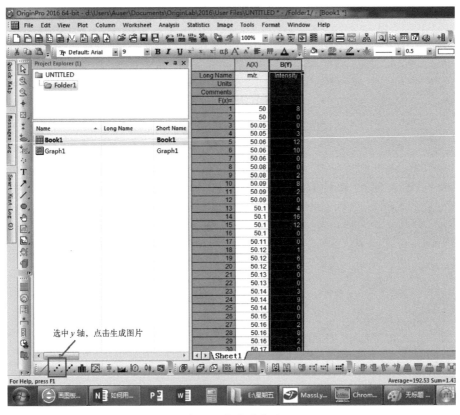

图 5-8　生成质谱图

在生成图片时,有时会出现图 5-9 的报错情况。解决方法,先点击"ok",然后双击图片空白处,之后按图 5-9(b)操作解决。

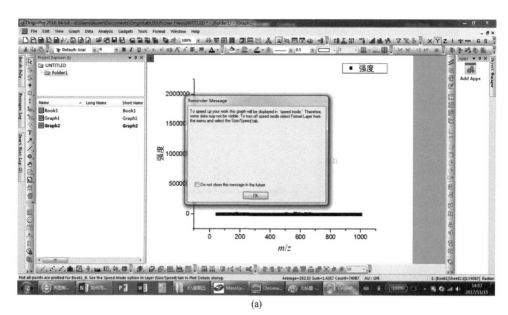

(a)

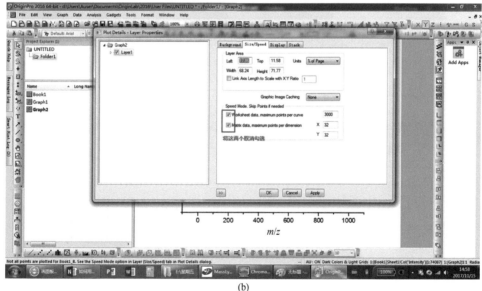

(b)

图 5-9　生成图片时显示的报错信息(a)及解决方法(b)

(4)图片由点图,变成棒状图,操作如下。

在图 5-10 中任意一个黑色方块上双击,在弹出菜单栏按以下操作。

之后再按照图 5-11 所示的方式调整坐标轴,导出图片就可以了(图 5-12)。

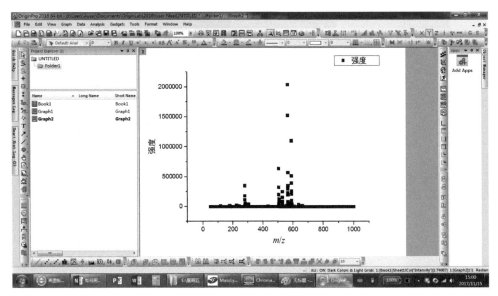

图 5-10　Origin 生成的点图

图 5-11　质谱图由点图生成棒状图步骤

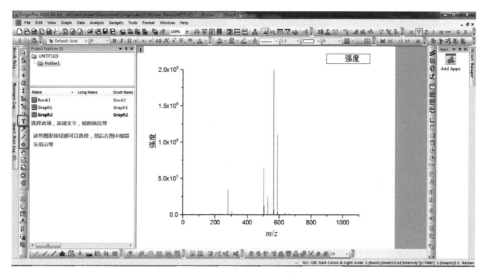

图 5-12　Origin 生成的质谱棒状图

5.1.3　不同数据采集软件导出原始数据的方法

（1）赛默飞质谱（图 5-13）

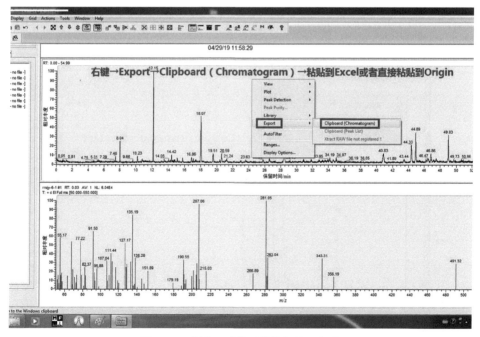

图 5-13　赛默飞质谱原始数据导出方式

（2）安捷伦质谱（图 5-14）

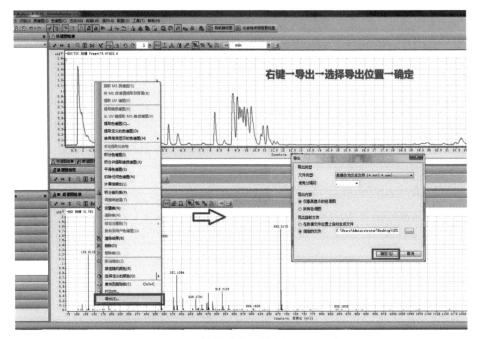

图 5-14　安捷伦质谱原始数据导出方式

（3）沃特世质谱（图 5-15）

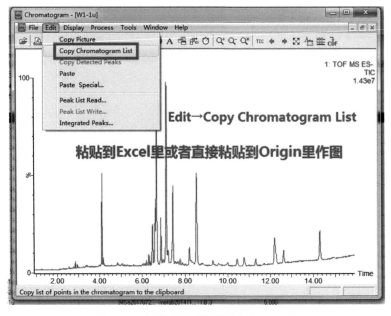

图 5-15　沃特世质谱原始数据导出方式

5.2 SIMCA 软件操作

SIMCA 是代谢组学数据分析时常用的第三方软件，现在也被直接嵌入到一些仪器厂商的数据分析软件中，如沃特世公司的 MarkerLynx Ezinfo，所以这里简单介绍一下软件基本操作。

由于编者并没有专业学习过统计分析，所以这里介绍的都是常用操作，具体到参数的选择以及分析的原理方面，还需要请教专业的老师。

5.2.1 数据准备

由 LC-MS 采集的原始数据，经过仪器配套软件的预处理（峰提取、对齐、归一化等）后，将含有样本名称、保留时间、质核比以及离子强度的数据集导出为 .csv 格式（SIMCA 可以识别的数据格式很多，但是仪器可以导出的最常用的格式是 .csv）。

5.2.2 数据集整理

需要将数据整理成可以直接导入 SIMCA 软件分析的模式。将导出的文件用 Excel 打开，按照图 5-16 所示对数据集进行整理。

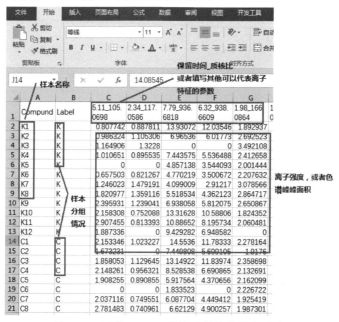

图 5-16　可供 SIMCA 软件分析的数据集形式

5.2.3　数据导入

如图 5-17 所示，将上述整理好的数据集导入 SIMCA 软件。

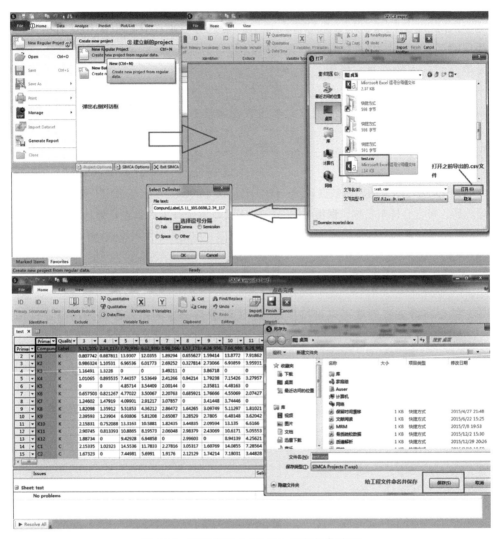

图 5-17　数据集导入 SIMCA 软件操作步骤

5.2.4　数据分析

5.2.4.1　主成分分析（PCA）

如图 5-18 所示，按步骤进行模型参数更改和设置。

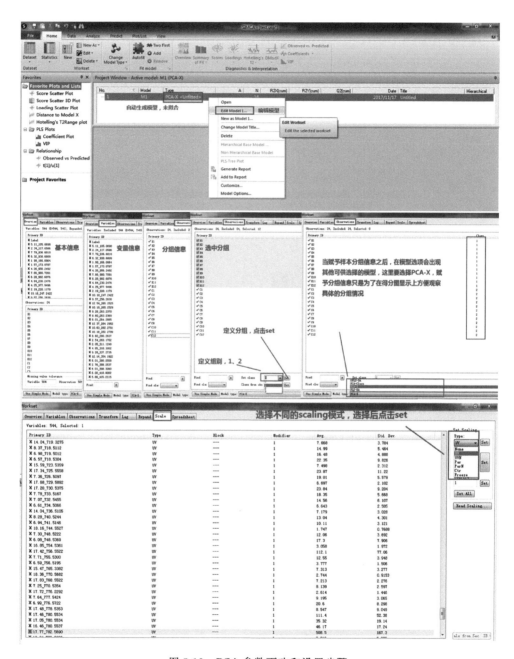

图 5-18　PCA 参数更改和设置步骤

按图 5-19 所示进行模型拟合并查看模型相关信息。

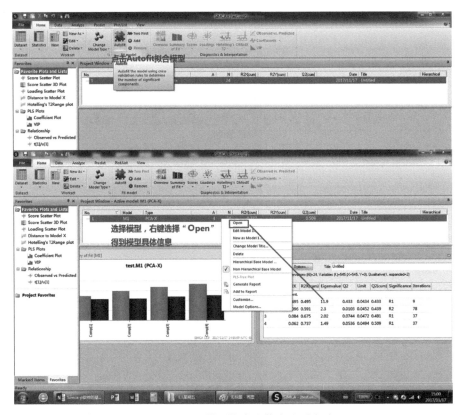

图 5-19　PCA 模型拟合和信息查看方式

如图 5-20 所示，点击相关图标查看 PCA 分析结果，即得分图和载荷图。

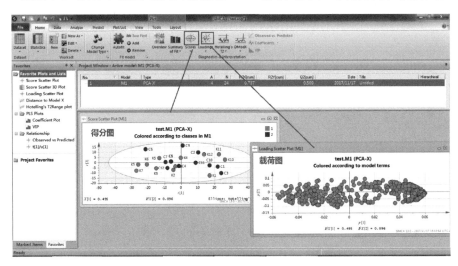

图 5-20　PCA 得分图和载荷图查看方式

5.2.4.2 偏最小二乘判别分析（PLS-DA）

按图 5-21 步骤对 PLS-DA 模型的参数进行更改和设置。然后按照与 PCA 模型相同的操作进行模型拟合和结果查看。

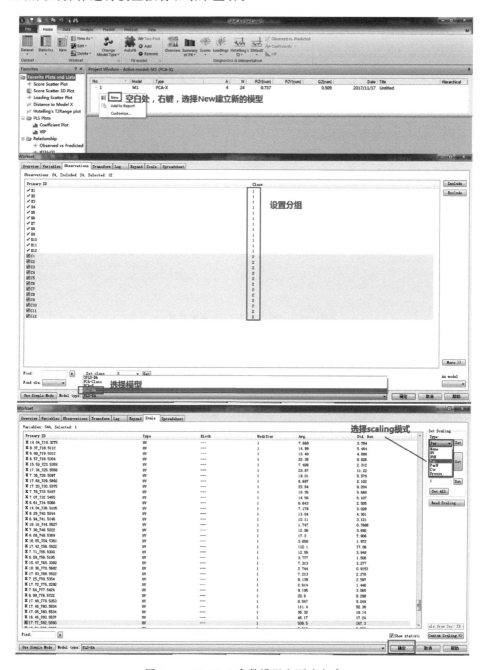

图 5-21　PLS-DA 参数设置和更改方式

按图 5-22 步骤进行置换检验（permutation test），验证建立的模型有无过拟合现象。

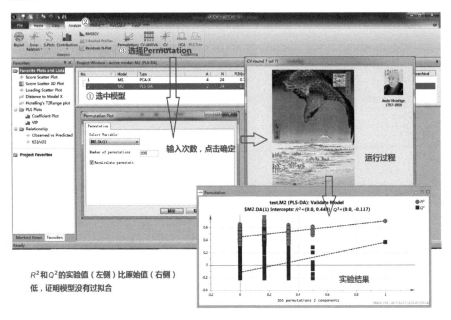

图 5-22　PLS-DA 置换检验步骤

5.2.4.3　正交偏最小二乘判别分析（OPLS-DA）

模型的建立和参数设置方式同 PLS-DA，在对样本分组之后，按图 5-23 所示选择 OPLS-DA 模型。

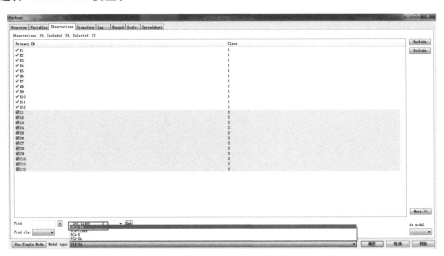

图 5-23　OPLS-DA 模型更改

模型拟合之后，如图 5-24 所示查看分析结果，如得分图和 S-plot 图。

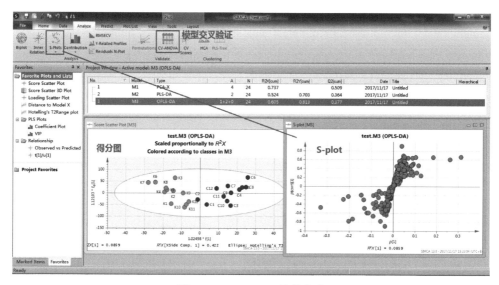

图 5-24　OPLS-DA 结果查看

5.3　MetaboAnalyst 软件操作

5.3.1　数据导入

　　MetaboAnalyst 是一款操作简单且功能强大的代谢组学数据分析软件，可以进行常规的统计分析以及代谢通路分析等。

　　在进行统计分析时，第一步就是要将数据集导入分析软件中，虽然有示例数据可以供用户参考如何整理自己的数据集，但是在导入的过程中还是会遇到一些问题。这里根据已有经验，介绍一下 MetaoAnalyst 软件对数据集的要求，方便大家整理自己的数据集以便分析。

　　（1）原始数据经过峰提取、积分后保存成逗号分隔的 .csv。

　　（2）按照图 5-25 所示整理数据集。

　　（3）数据导入过程（这里记录的是旧版本的软件，新版本软件界面有所差异，但是分析方法不变）。

　　打开软件网址，如图 5-26 点击开始，选择"Statistical Analysis"进行统计分析，在弹出界面按步骤，选择编辑好的数据集 .csv 文件上传数据。

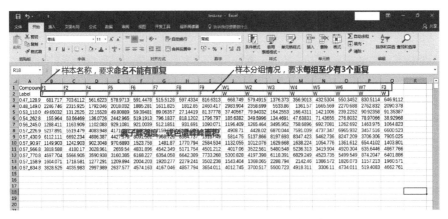

图 5-25 供 MetaboAnalyst 软件分析的数据集设置

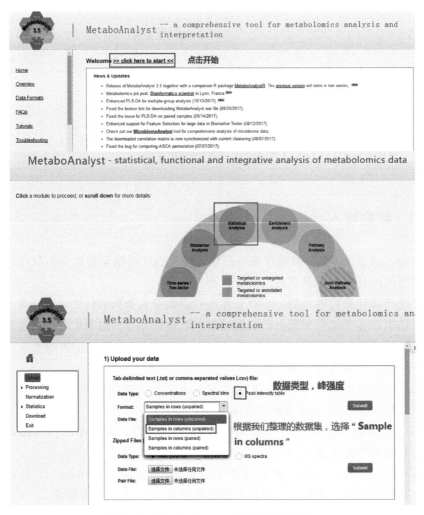

图 5-26 MetaboAnalyst 的数据上传方式

5.3.2 数据预处理

5.3.2.1 Data integrity Check

如图 5-27 所示，对上传数据进行检查，包括分组情况、缺失值等。如果没有问题，可以点击"Skip"，进入下一步；如果想对缺失值进行处理，可以点击"Missing value estimation"。

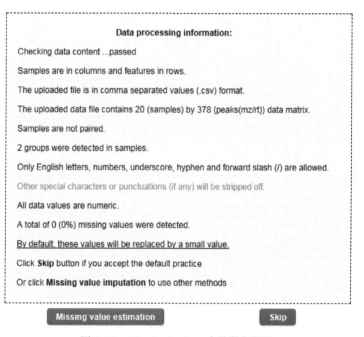

Data Integrity Check:

1. Checking the class labels - at least three replicates are required in each class.

2. If the samples are paired, the pair labels must conform to the specified format.

3. The data (except class labels) must not contain non-numeric values.

4. The presence of missing values or features with constant values (i.e. all zeros)

Data processing information:

Checking data content ...passed

Samples are in columns and features in rows.

The uploaded file is in comma separated values (.csv) format.

The uploaded data file contains 20 (samples) by 378 (peaks(mz/rt)) data matrix.

Samples are not paired.

2 groups were detected in samples.

Only English letters, numbers, underscore, hyphen and forward slash (/) are allowed.

Other special characters or punctuations (if any) will be stripped off.

All data values are numeric.

A total of 0 (0%) missing values were detected.

By default, these values will be replaced by a small value.

Click **Skip** button if you accept the default practice

Or click **Missing value imputation** to use other methods

Missing value estimation   Skip

图 5-27   MetaboAnalyst 中的数据评价

5.3.2.2 Missing value estimation

如图 5-28 所示，第一步先对含有缺失值的样本进行过滤，第二步可以选择一种方法对缺失值进行估计。

5.3.2.3 Data filtering

如图 5-29 所示，数据过滤步骤中系统提供了一种根据 QC 样本中化合物 RSD 进行过滤的方法，以及 7 种不同的数据过滤方法。选择好相应的方法，点击"Proceed"，进入下一步。

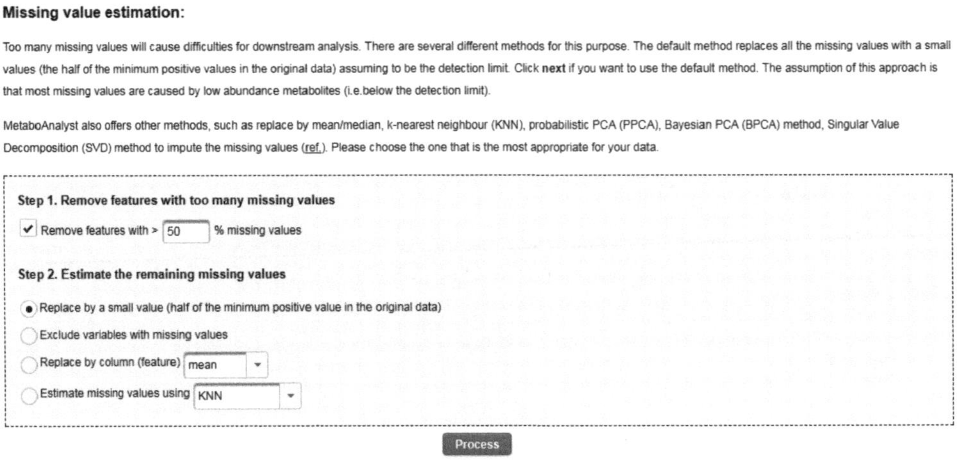

Missing value estimation:

Too many missing values will cause difficulties for downstream analysis. There are several different methods for this purpose. The default method replaces all the missing values with a small values (the half of the minimum positive values in the original data) assuming to be the detection limit. Click **next** if you want to use the default method. The assumption of this approach is that most missing values are caused by low abundance metabolites (i.e.below the detection limit).

MetaboAnalyst also offers other methods, such as replace by mean/median, k-nearest neighbour (KNN), probabilistic PCA (PPCA), Bayesian PCA (BPCA) method, Singular Value Decomposition (SVD) method to impute the missing values (ref.). Please choose the one that is the most appropriate for your data.

Step 1. Remove features with too many missing values

☑ Remove features with > `50` % missing values

Step 2. Estimate the remaining missing values

● Replace by a small value (half of the minimum positive value in the original data)

○ Exclude variables with missing values

○ Replace by column (feature) `mean ▼`

○ Estimate missing values using `KNN ▼`

`Process`

图 5-28　MetaboAnalyst 中的缺失值过滤和填充

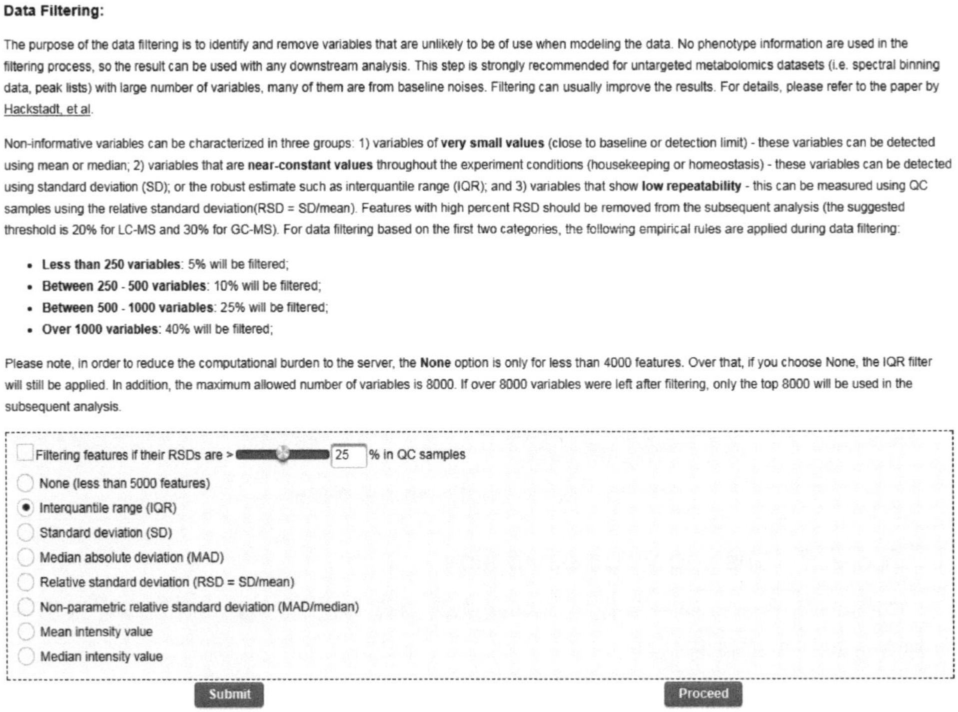

Data Filtering:

The purpose of the data filtering is to identify and remove variables that are unlikely to be of use when modeling the data. No phenotype information are used in the filtering process, so the result can be used with any downstream analysis. This step is strongly recommended for untargeted metabolomics datasets (i.e. spectral binning data, peak lists) with large number of variables, many of them are from baseline noises. Filtering can usually improve the results. For details, please refer to the paper by Hackstadt, et al.

Non-informative variables can be characterized in three groups: 1) variables of **very small values** (close to baseline or detection limit) - these variables can be detected using mean or median; 2) variables that are **near-constant values** throughout the experiment conditions (housekeeping or homeostasis) - these variables can be detected using standard deviation (SD); or the robust estimate such as interquantile range (IQR); and 3) variables that show **low repeatability** - this can be measured using QC samples using the relative standard deviation(RSD = SD/mean). Features with high percent RSD should be removed from the subsequent analysis (the suggested threshold is 20% for LC-MS and 30% for GC-MS). For data filtering based on the first two categories, the following empirical rules are applied during data filtering:

- **Less than 250 variables**: 5% will be filtered;
- **Between 250 - 500 variables**: 10% will be filtered;
- **Between 500 - 1000 variables**: 25% will be filtered;
- **Over 1000 variables**: 40% will be filtered;

Please note, in order to reduce the computational burden to the server, the **None** option is only for less than 4000 features. Over that, if you choose None, the IQR filter will still be applied. In addition, the maximum allowed number of variables is 8000. If over 8000 variables were left after filtering, only the top 8000 will be used in the subsequent analysis.

☐ Filtering features if their RSDs are > ▬▬●▬▬ `25` % in QC samples

○ None (less than 5000 features)

● Interquantile range (IQR)

○ Standard deviation (SD)

○ Median absolute deviation (MAD)

○ Relative standard deviation (RSD = SD/mean)

○ Non-parametric relative standard deviation (MAD/median)

○ Mean intensity value

○ Median intensity value

`Submit`　　　　　　　　`Proceed`

图 5-29　MetaboAnalyst 中的数据过滤

5.3.2.4　Normalization overview

如果 5-30 所示，在这一步中作者可以选择不同的数据转换、归一化以及 scaling 的方法，选择好相应的方法，点击"Normalize"开始数据处理，处理结束点击"View Result"可以查看数据处理之后的结果。点击"Proceed"进入下一步。

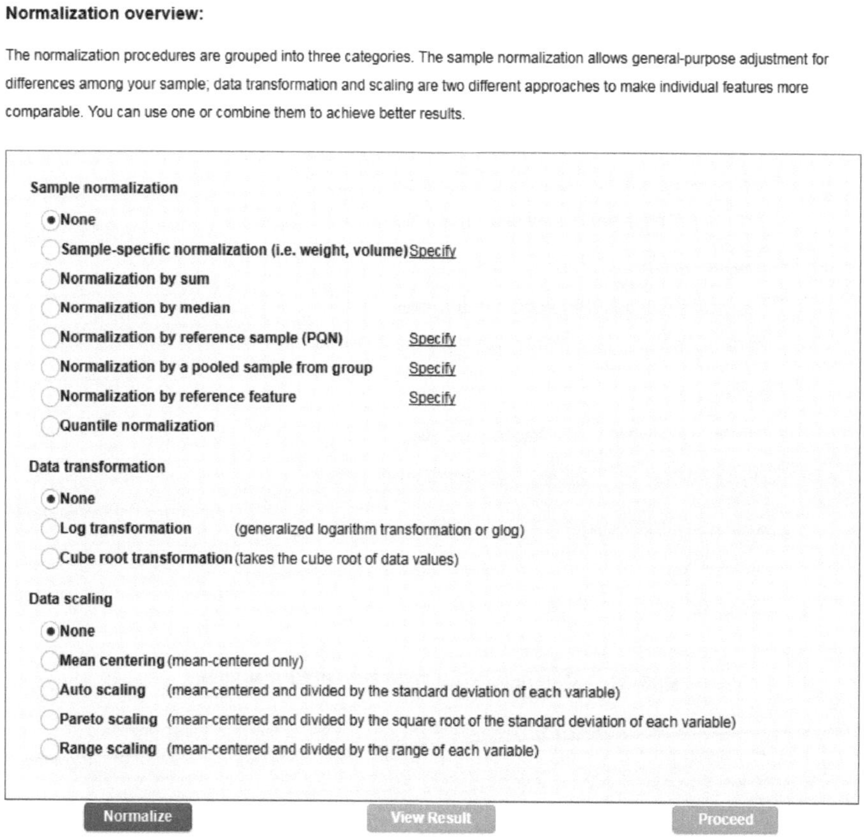

Normalization overview:

The normalization procedures are grouped into three categories. The sample normalization allows general-purpose adjustment for differences among your sample; data transformation and scaling are two different approaches to make individual features more comparable. You can use one or combine them to achieve better results.

Sample normalization
- ● None
- ○ Sample-specific normalization (i.e. weight, volume) Specify
- ○ Normalization by sum
- ○ Normalization by median
- ○ Normalization by reference sample (PQN)　　　　Specify
- ○ Normalization by a pooled sample from group　　Specify
- ○ Normalization by reference feature　　　　　　　Specify
- ○ Quantile normalization

Data transformation
- ● None
- ○ Log transformation　　　(generalized logarithm transformation or glog)
- ○ Cube root transformation (takes the cube root of data values)

Data scaling
- ● None
- ○ Mean centering (mean-centered only)
- ○ Auto scaling　　　(mean-centered and divided by the standard deviation of each variable)
- ○ Pareto scaling　　(mean-centered and divided by the square root of the standard deviation of each variable)
- ○ Range scaling　　(mean-centered and divided by the range of each variable)

[Normalize]　　　　　　[View Result]　　　　　　[Proceed]

图 5-30　MetaboAnalyst 中的数据归一化和数据转换

5.3.3　统计分析

这一步中包含了我们在代谢组学分析过程可以用到的一些统计方法。

如图 5-31 所示，有单变量分析、化学计量学分析、聚类分析等。点击相应的分析方法，即可出现分析结果。

下面为几种常用的统计方法生成的结果（在所有的统计结果中，点击结果图上的化合物，将会出现其在不同组中相对含量的箱线图）。

5.3.3.1　Fold change

可以设定阈值，筛选符合的标记物（图 5-32）。

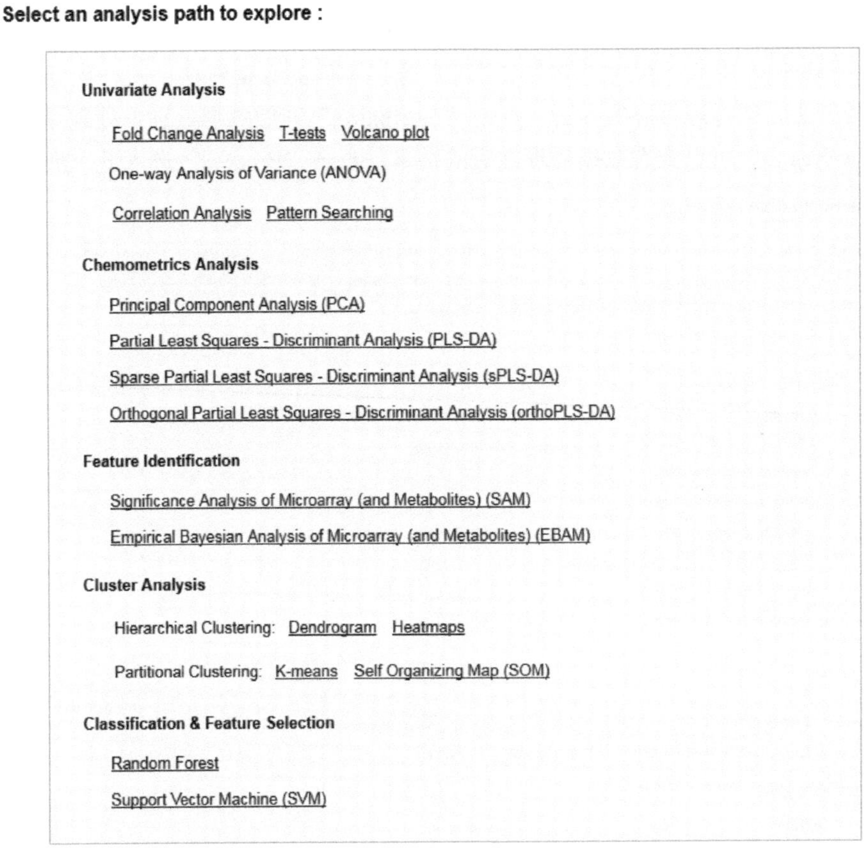

Select an analysis path to explore :
Univariate Analysis
Fold Change Analysis
T-tests
Volcano plot
One-way Analysis of Variance (ANOVA)
Correlation Analysis
Pattern Searching
Chemometrics Analysis
Principal Component Analysis (PCA)
Partial Least Squares - Discriminant Analysis (PLS-DA)
Sparse Partial Least Squares - Discriminant Analysis (sPLS-DA)
Orthogonal Partial Least Squares - Discriminant Analysis (orthoPLS-DA)
Feature Identification
Significance Analysis of Microarray (and Metabolites) (SAM)
Empirical Bayesian Analysis of Microarray (and Metabolites) (EBAM)
Cluster Analysis
Hierarchical Clustering:
Dendrogram
Heatmaps
Partitional Clustering:
K-means
Self Organizing Map (SOM)
Classification & Feature Selection
Random Forest
Support Vector Machine (SVM)

图 5-31　MetaboAnalyst 中统计分析的方法选择

The goal of fold change (FC) analysis is to compare the absolute value of change between two group means. Since column-wise normalization (i.e. log transformation, mean-centering) will significantly change absolute values, FC is calculated as the ratio between two group means using data before column-wise normalization was applied.
For paired analysis, the program first counts the number of pairs with consistent change above the given FC threshold. If this number exceeds a given count threshold, the variable will be reported as significant.
Analysis type:
Unpaired
Fold change threshold:
2
Comparison type:
J/M
Significant count threshold (paired only):
75
%
Submit
点击可以调整图片大小和格式
Graphics Center
Format:
PNG
Resolution:
300 DPI
Size:
72 DPI
150 DPI
300 DPI
600 DPI
Submit
log2 (FC)
4
2
0
-2
-4

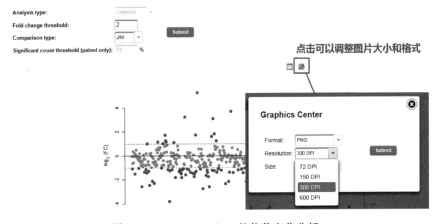

图 5-32　MetaboAnalyst 的倍数变化分析

5. 3. 3. 2　T -test（图 5-33）

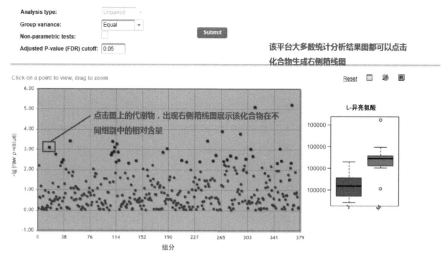

图 5-33　MetaboAnalyst 的 t 检验

5. 3. 3. 3　火山图（图 5-34）

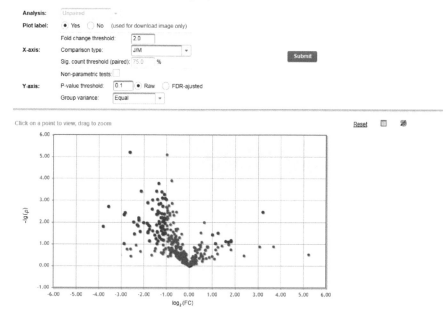

图 5-34　MetaboAnalyst 的火山图

5.3.3.4 相关性分析（图 5-35）

Note, the heatmap will only show correlations for a maximum of 1000 features. For larger datasets, only the top 1000 features will be selected based on their interquantile range (IQR). When the color distribution is fixed, you can potentially compare the correlation patterns among different data sets. In this case, you can choose "do not perform clustering" for the entire data set, or only to perform clustering on a single reference data set, then manually re-arrange other data sets according to the clustering pattern of the reference data set.

Choose a dimension:	Features ▾
Distance measure:	Pearson r ▾
View Mode :	● Overview / ○ Detail View Submit
Fix color distribution [-1, 1]:	☐
Color contrasts:	Default ▾
Do not perform clustering:	☐

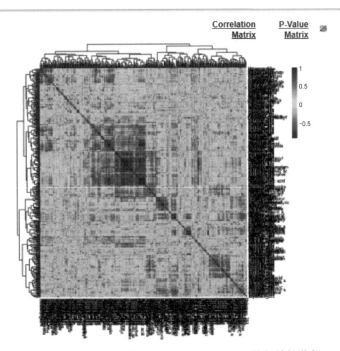

图 5-35　MetaboAnalyst 的相关性分析

5.3.3.5　主成分分析（图 5-36）

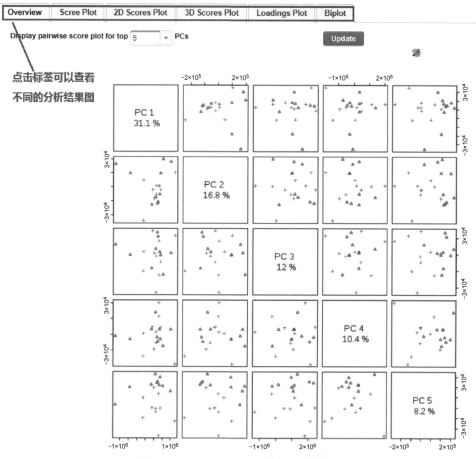

图 5-36　MetaboAnalyst 的主成分分析

5.3.3.6 偏最小二乘判别分析（图5-37）

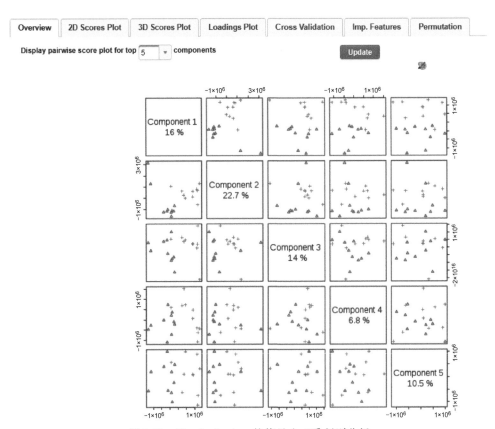

图 5-37　MetaboAnalyst 的偏最小二乘判别分析

5.3.3.7 聚类分析（图 5-38）

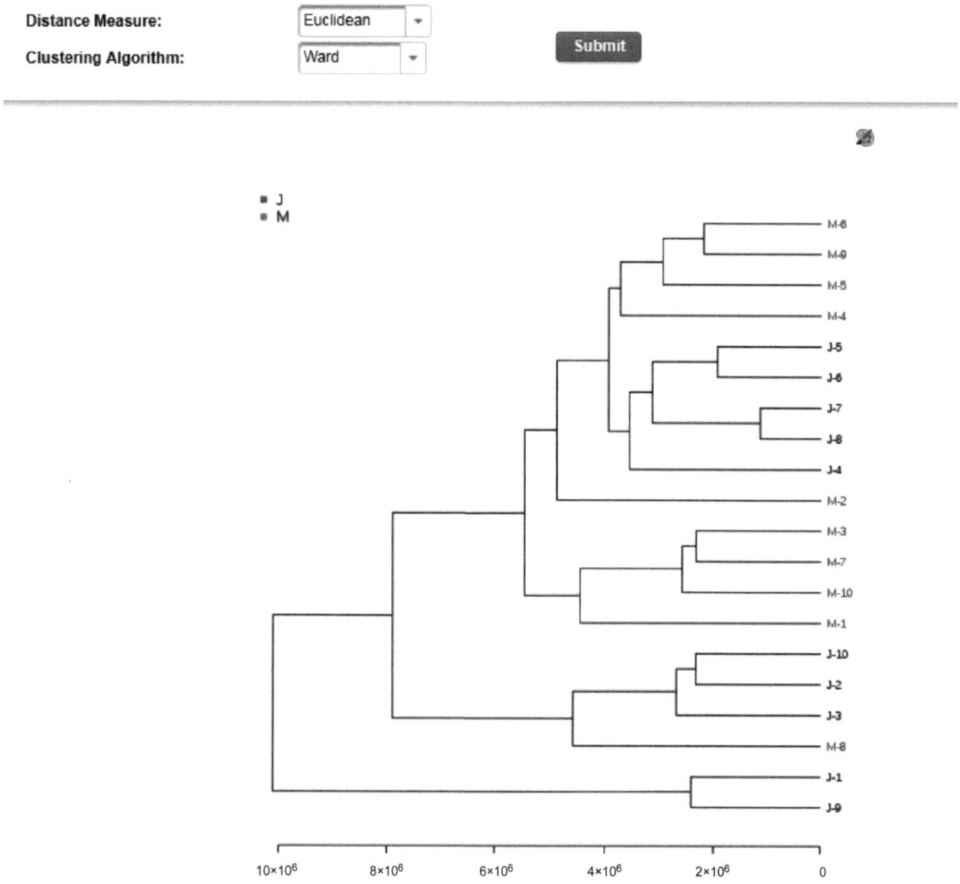

Distance Measure:
Euclidean
Clustering Algorithm:
Ward
Submit
J
M
M-6
M-9
M-5
M-4
J-5
J-6
J-7
J-8
J-4
M-2
M-3
M-7
M-10
M-1
J-10
J-2
J-3
M-8
J-1
J-9
10×10^6
8×10^6
6×10^6
4×10^6
2×10^6
0

图 5-38　MetaboAnalyst 的聚类分析

5.3.3.8 热图分析（图 5-39）

A heatmap provides intuitive visualization of a data table. Each colored cell on the map corresponds to a concentration value in your data table, with samples in rows and features/compounds in columns. You can use a heatmap to identify samples/features that are unusually high/low. Tip 1: choose **Do not re-organize samples/rows** to show the natural contrast among groups (with each group a block).Tip 2: choose **Display top # of features ranked by t-tests** to retain the most constrasting pattterns

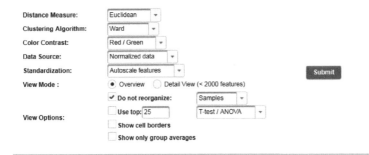

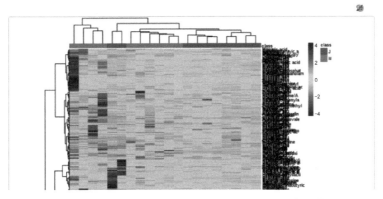

图 5-39 MetaboAnalyst 生成的热图

如图 5-40 所示，在操作界面的右侧，还可以查看响应的 R 语言命令。

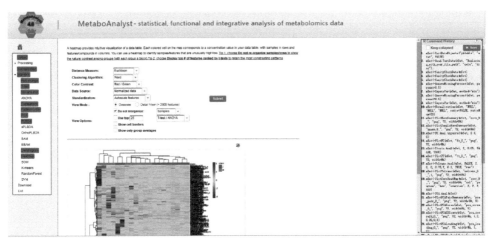

图 5-40 MetaboAnalyst 的 R 语言命令窗口

5.3.4 代谢通路分析

如图 5-41 所示，点击 "Click here to start" 之后，选择 "Pathway Analysis"。

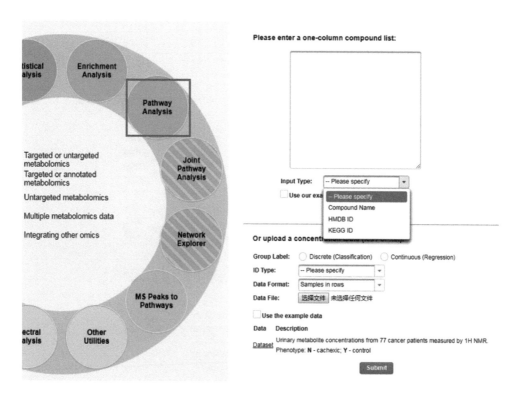

图 5-41　MetaboAnalyst 中的代谢通路分析

（1）输入代谢物的名称，或者 KEGG、HMDB 编号，点击 "Submit"。

（2）数据信息汇总，查看代谢物相应得到数据库编号和对应的代谢通路名称。点击 "Submit"（图 5-42）。

（3）如图 5-43 所示，根据所研究的对象选择相应的数据库。

（4）结果查看。如图所示，点击图 5-44 左图中的点，右图中出现对应代谢通路，以及在这条通路上有哪些代谢物在样本中被检测到。

以上只是列举了代谢组学分析中常用的一些分析方法，所有的分析结果都可以导出，生成结果报告。该平台还包括其他一些分析的策略可供用户选择使用。

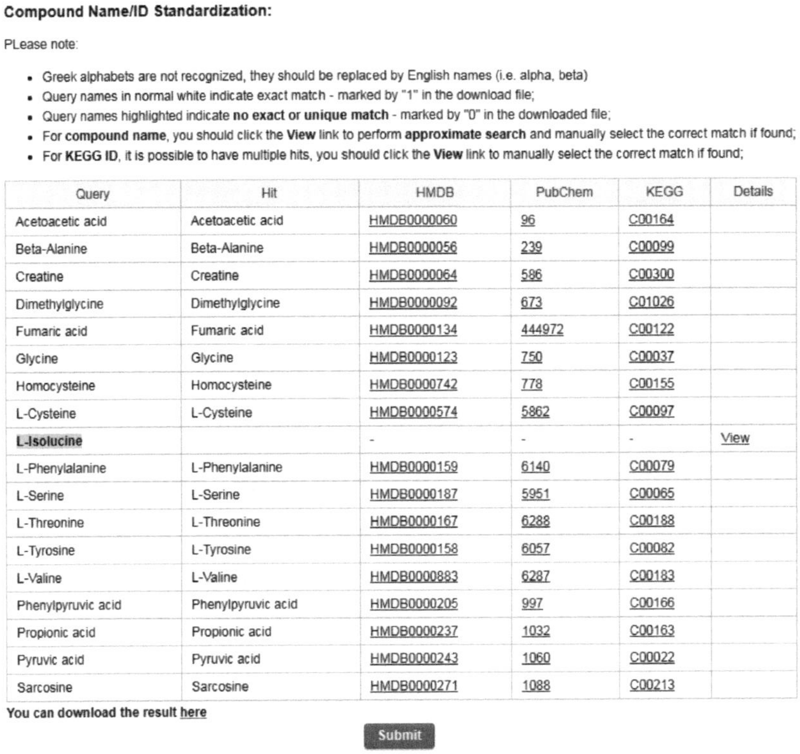

Compound Name/ID Standardization:

PLease note:

- Greek alphabets are not recognized, they should be replaced by English names (i.e. alpha, beta)
- Query names in normal white indicate exact match - marked by "1" in the download file;
- Query names highlighted indicate **no exact or unique match** - marked by "0" in the downloaded file;
- For **compound name**, you should click the **View** link to perform **approximate search** and manually select the correct match if found;
- For **KEGG ID**, it is possible to have multiple hits, you should click the **View** link to manually select the correct match if found;

Query	Hit	HMDB	PubChem	KEGG	Details
Acetoacetic acid	Acetoacetic acid	HMDB0000060	96	C00164	
Beta-Alanine	Beta-Alanine	HMDB0000056	239	C00099	
Creatine	Creatine	HMDB0000064	586	C00300	
Dimethylglycine	Dimethylglycine	HMDB0000092	673	C01026	
Fumaric acid	Fumaric acid	HMDB0000134	444972	C00122	
Glycine	Glycine	HMDB0000123	750	C00037	
Homocysteine	Homocysteine	HMDB0000742	778	C00155	
L-Cysteine	L-Cysteine	HMDB0000574	5862	C00097	
L-Isolucine	-	-	-	-	View
L-Phenylalanine	L-Phenylalanine	HMDB0000159	6140	C00079	
L-Serine	L-Serine	HMDB0000187	5951	C00065	
L-Threonine	L-Threonine	HMDB0000167	6288	C00188	
L-Tyrosine	L-Tyrosine	HMDB0000158	6057	C00082	
L-Valine	L-Valine	HMDB0000883	6287	C00183	
Phenylpyruvic acid	Phenylpyruvic acid	HMDB0000205	997	C00166	
Propionic acid	Propionic acid	HMDB0000237	1032	C00163	
Pyruvic acid	Pyruvic acid	HMDB0000243	1060	C00022	
Sarcosine	Sarcosine	HMDB0000271	1088	C00213	

You can download the result here

Submit

图 5-42　MetaboAnalyst 代谢通路分析中的代谢物识别

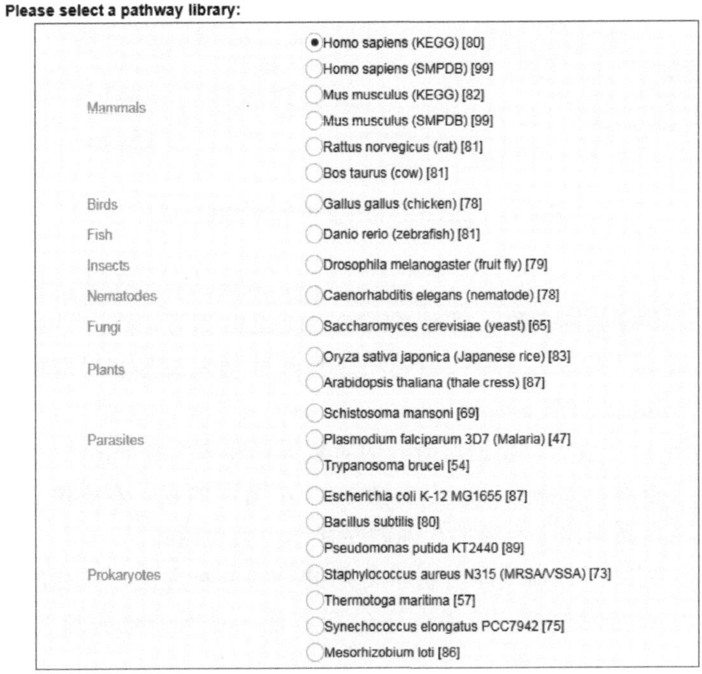

Please select a pathway library:

Mammals	● Homo sapiens (KEGG) [80]
	○ Homo sapiens (SMPDB) [99]
	○ Mus musculus (KEGG) [82]
	○ Mus musculus (SMPDB) [99]
	○ Rattus norvegicus (rat) [81]
	○ Bos taurus (cow) [81]
Birds	○ Gallus gallus (chicken) [78]
Fish	○ Danio rerio (zebrafish) [81]
Insects	○ Drosophila melanogaster (fruit fly) [79]
Nematodes	○ Caenorhabditis elegans (nematode) [78]
Fungi	○ Saccharomyces cerevisiae (yeast) [65]
Plants	○ Oryza sativa japonica (Japanese rice) [83]
	○ Arabidopsis thaliana (thale cress) [87]
Parasites	○ Schistosoma mansoni [69]
	○ Plasmodium falciparum 3D7 (Malaria) [47]
	○ Trypanosoma brucei [54]
Prokaryotes	○ Escherichia coli K-12 MG1655 [87]
	○ Bacillus subtilis [80]
	○ Pseudomonas putida KT2440 [89]
	○ Staphylococcus aureus N315 (MRSA/VSSA) [73]
	○ Thermotoga maritima [57]
	○ Synechococcus elongatus PCC7942 [75]
	○ Mesorhizobium loti [86]

图 5-43　MetaboAnalyst 代谢通路分析的数据库选择

Result View:

The **metabolome view** on the left shows all matched pathways according to the p values from the pathway enrichment analysis and pathway impact values from the pathway topology analysis. Placing your <u>mouse over</u> each pathway node will reveal its pathway name. <u>Clicking each node</u> will launch the **pathway view** on the right panel.

The pathway can be launched either by clicking the corresponding node on the left image or by clicking the pathway name from the table below. Please note, each node (compound) is clickable. You can <u>zoom in and out</u> using the control buttons below, and then <u>drag</u> the image to the locations of interest. Placing the <u>mouse over</u> each metabolite node will reveal its common name. <u>Clicking the node</u> will trigger the **compound view** of the selected compound.

About compound colors within the pathway - <u>light blue</u> means those metabolites are not in your data and are used as background for enrichment analysis; <u>grey</u> means the metabolite is not in your data and is also excluded from enrichment analysis (only applicable if you have uploaded a custom metabolome profile); other colors (varying from yellow to red) means the metabolites are in the data with different levels of significance.

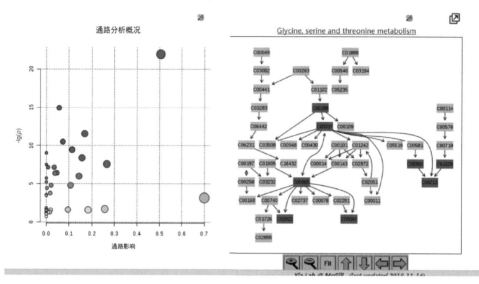

图 5-44　MetaboAnalyst 代谢通路分析结果

5.4　HemI 软件操作

代谢组学实验中，经常会使用热图来表示代谢物在不同组别中的变化情况，本节给大家介绍一款非常容易上手的热图制作软件：HemI（Heatmap Illustrator，Version 1.0.1）。网站中提供了与多种系统匹配的软件格式，使用操作如下。

5.4.1　数据导入

数据导入方法如图 5-45 所示，依次点击 "File" → "Load" →导入目标文件，该软件支持的文件类型有 .csv 格式、.xls 格式以及 .txt 格式。

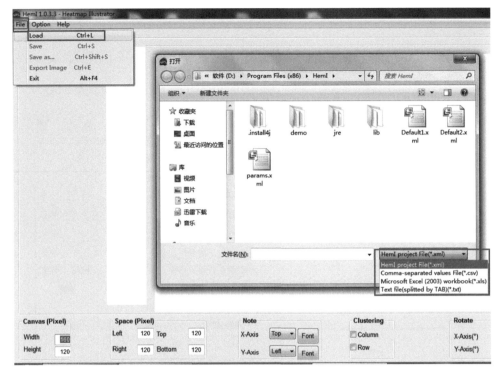

图 5-45　HemI 软件数据导入方法

5.4.2　数据选择

选择好导入文件之后，点击"打开"，就可以看到文件中所包含的数据。在这一步中，我们要选择用于绘制热图的原始数据，数据选择好之后，会以高亮形式标注（图 5-46）。选择的方法有：①点击"Auto select"选择（根据选中的结果再进行微调）；②鼠标拖动选择，类似于在 Excel 中选择单元格。

如果要显示热图的分组和化合物信息，就勾选"Y-axis title"和"X-axis ti-tle"，这两个标签后边的数字表示要显示的列和行的位置，如选择"X-axis title 1"，则在热图中显示的分组信息为 M-1，M-2……；选择"X-axis title 2"，则显示 M，M……信息。

5.4.3　生成图片

选择好数据后，点击"Finish"，即可生成热图（图 5-47）。

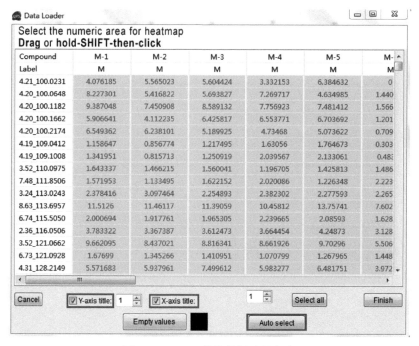

图 5-46　HemI 软件数据选择方式

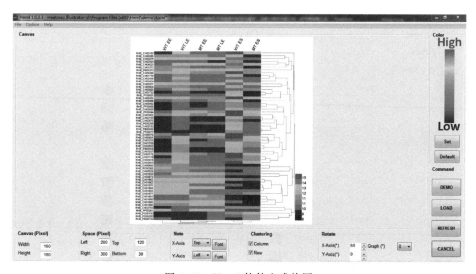

图 5-47　HemI 软件生成热图

5.4.4　调整参数

选择"Option"→"statistics",可以对数据进行转换,以及设置聚类的参数(图 5-48)。

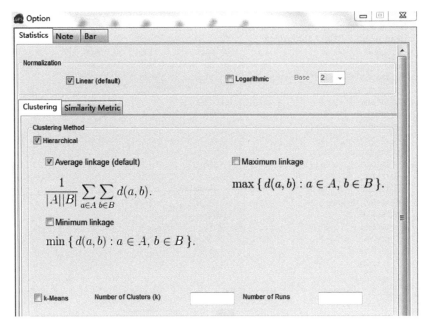

图 5-48　HemI 软件聚类参数设置

选择"Option"→"Note",设置行列标签的颜色(图 5-49)。

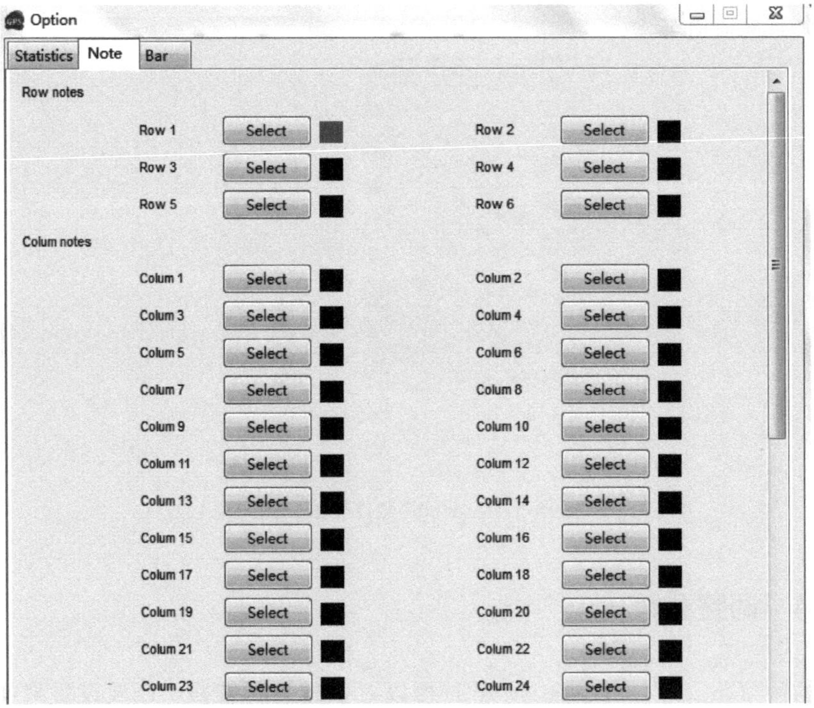

图 5-49　HemI 软件行列标签颜色设置

选择"Option"→"Bar",设置颜色标记的位置,热图的颜色变化等参数(图 5-50)。

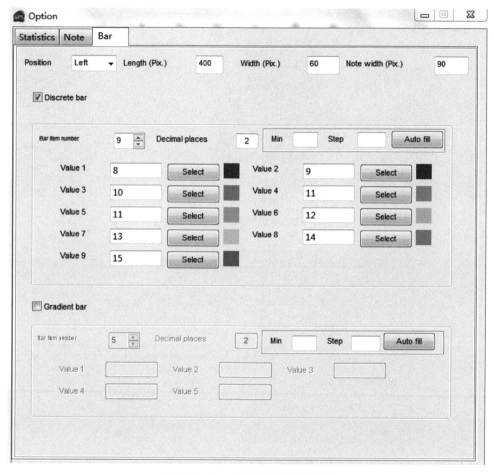

图 5-50　HemI 软件热图颜色设置

在软件的主界面,可以设置图片的大小、标签的位置、图片旋转角度等参数(图 5-51)。

5.4.5　导出图片

如图 5-52 所示,图片导出步骤为"File"→"Export image",选择合适的分辨率和大小,选择导出位置。

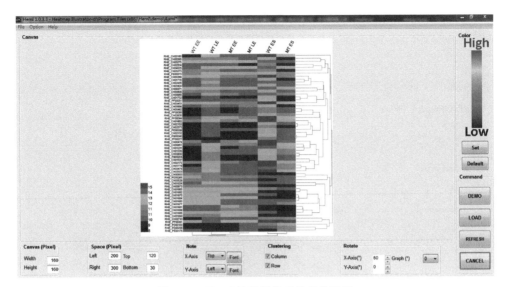

图 5-51　HemI 软件图片其他参数设置

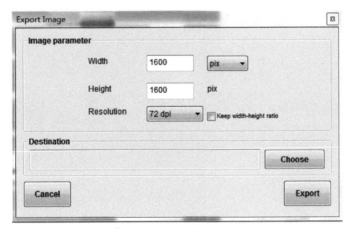

图 5-52　HemI 图片导出

5.5　MS-DIAL 软件操作

在代谢组学研究中，样本经过仪器（GC-MS 或 LC-MS）检测后，需要先进行数据预处理，即峰提取、对齐、归一化等操作，获得包含样本编号、峰强度等的数据集，才能进行下一步的统计分析（PCA，PLS-DA 等）。通常不同的仪器厂家会生产配套的付费软件用来完成数据预处理，且软件价格相对较高。本小节就向大家介绍一款好用的开源软件 MS-DIAL，为代谢组学数据预处理提供另一种选择。

5.5.1 MS-DIAL 简介

MS-DIAL 是一款针对非靶向代谢组学的数据处理的第三方软件，最大的优势在于能够兼容来自不同仪器（Agilent，Bruker，LECO，Sciex，Shimadzu，Thermo 和 Waters）获得的各类质谱数据（GC-MS，GC-MS/MS，LC-MS 和 LC-MS/MS）。此外像 netCDF（AIA）和 mzML 等的通用数据格式也可以被软件识别。

5.5.2 MS-DIAL 使用

5.5.2.1 Abf 数据转换软件下载

如果获得的格式不是通用数据格式，需要先将仪器获得的原始数据进行转换。Abf（Analysis Base File）Converter 软件下载后打开，填写相关信息，点击"Download"，系统将给预留邮箱中发送下载链接，点击下载（图 5-53）。

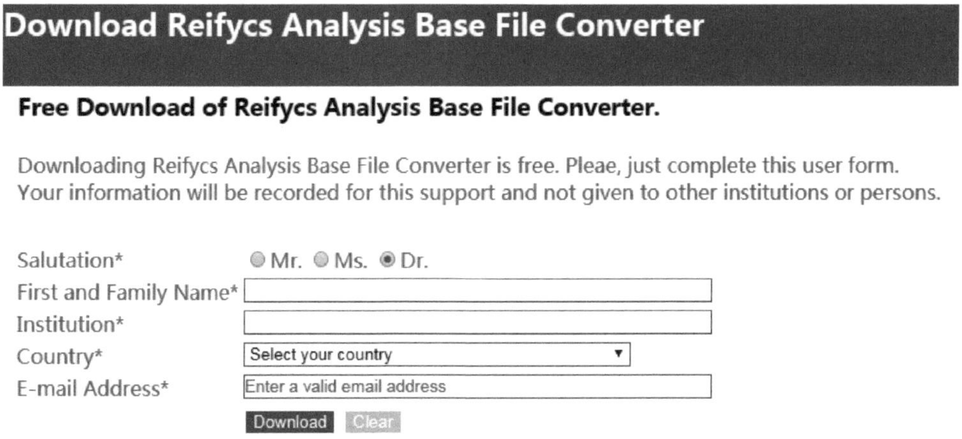

Download Reifycs Analysis Base File Converter

Free Download of Reifycs Analysis Base File Converter.

Downloading Reifycs Analysis Base File Converter is free. Pleae, just complete this user form. Your information will be recorded for this support and not given to other institutions or persons.

Salutation*	○ Mr. ○ Ms. ● Dr.
First and Family Name*	
Institution*	
Country*	Select your country ▼
E-mail Address*	Enter a valid email address

Download　Clear

图 5-53　Abf 数据转换软件下载

5.5.2.2 Abf 软件运行

如图 5-54，解压之后，找到 .exe 运行软件。注：各类杀毒软件可能会将其当作病毒而导致软件无法运行。

5.5.2.3 Abf 数据转换

如图 5-53 所示，选中原始数据，拖拽到软件空白框。转换文件的储存位置可以通过勾选复选框进行选择（如与原始文件相同或者自定义位置）。点击

ABFCvtSvrABWf	2020/6/28 10:25	文件夹		
ABFCvtSvrAgMH	2020/6/28 10:25	文件夹		
ABFCvtSvrBkrD	2020/6/28 10:25	文件夹		
ABFCvtSvrMzML	2020/6/28 10:25	文件夹		
ABFCvtSvrMzXML	2020/6/28 10:25	文件夹		
ABFCvtSvrNetCD	2020/6/28 10:25	文件夹		
ABFCvtSvrSmzIoModule	2020/6/28 10:25	文件夹		
ABFCvtSvrThmRw	2020/6/28 10:25	文件夹		
ABFCvtSvrWtrRw	2020/6/28 10:25	文件夹		
AnalysisBaseFileConverter.exe	2020/1/24 15:25	应用程序	130 KB	
AnalysisBaseFileConverter.exe.config	2020/1/22 11:18	CONFIG 文件	4 KB	
RDAM_DLL.dll	2020/1/24 15:24	应用程序扩展	241 KB	

图 5-54   Abf 软件运行

"Covert"进行转换。注：转换赛默飞仪器产生的数据，还需要另外安装 MSFil-eReader 软件，否则将显示转换失败，而沃特世以及安捷伦数据经测试可以直接转换。转换过程会有进度提示，转换结束后会在相应的文件夹中生成 .abf 格式文件，用于下一步分析。

图 5-55   Abf 数据格式转换

5.5.2.4   MS-DIAL 数据预处理

下载解压后点击 MSDIAL. exe 运行软件，软件主界面如图 5-56 所示。

如图 5-57 所示，依次点击"File"→"New project"，新建一个 project，在弹出对话框中选择 project 保存位置，以及与自己实验相对应的选项。注：project 保存位置需要与 .Abf 保存的位置一致。

如图 5-58 所示，选择上一步转换的 .Abf 文件，填写相关信息，如样本类型（Type），分组信息（Class ID）等。点击"Next"，根据自己的具体实验数据进行参数设置，包括误差范围、保留时间范围、加合物类型等。选择好后，点击"Finish"进行峰提取、对齐操作。这一步根据数据量的大小需要等待一段时间。

导入完成后显示图 5-59 界面，在左下角双击需要归一化的结果，然后点击"Data visualization"→"Normalization"进行数据归一化。

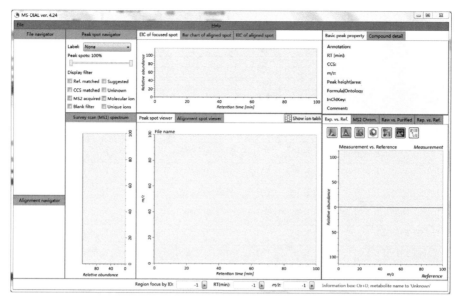

图 5-56　MS-DIAL 软件界面

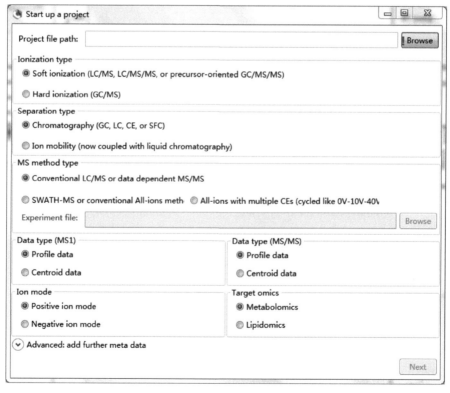

图 5-57　MS-DIAL 新建 project

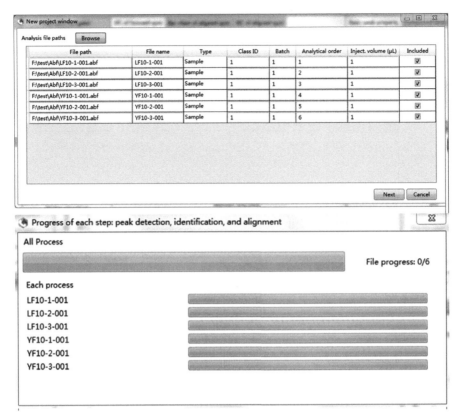

图 5-58　MS-DIAL 数据导入

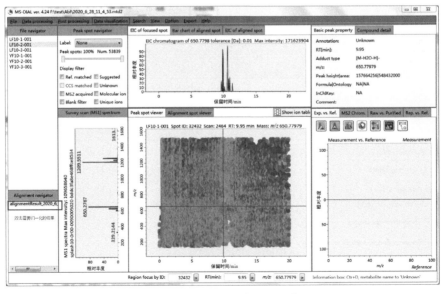

图 5-59　MS-DIAL 数据归一化

在弹出窗口中（图 5-60）选择归一化方法，点击"Done"，完成数据归一化。

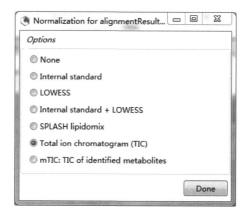

图 5-60　MS-DIAL 数据归一化方法选择

5.5.2.5　MS-DIAL 统计分析

归一化之后点击"Data visualization"，进行简单的统计分析，并可视化显示，包括 PCA、PLS-DA 等。

主成分分析结果如图 5-61 所示。

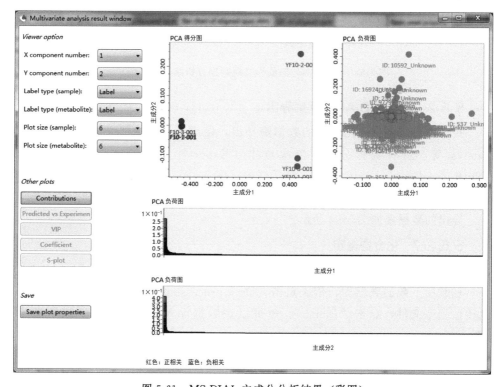

图 5-61　MS-DIAL 主成分分析结果（彩图）

偏最小二乘判别分析结果如图 5-62 所示。

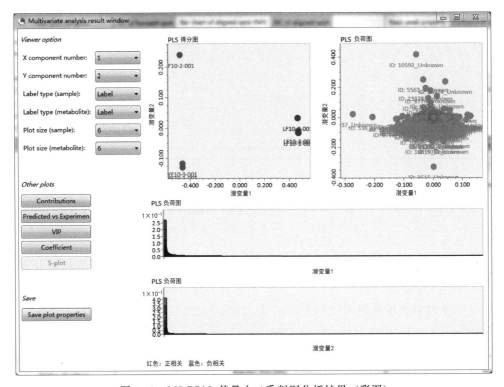

图 5-62　MS-DIAL 偏最小二乘判别分析结果（彩图）

5.5.2.6　MS-DIAL 数据集导出

我们也可以将归一化之后的数据集导出，使用其他软件如 Simca、Metabo-Analyst 等，进行统计分析。依次点击"Export"→"Alignmentresult"→"Normalized data matrix"，弹出对话框中（图 5-63）选择需要的数据类型，导出数据集。

导出的数据集如图 5-64 所示。

5.5.2.7　化合物鉴定

先要下载数据库文件，选择合适的数据库（图 5-65）。

加载所下载的数据库，依次点击"Data processing"→"Identification"→上传数据库文件，点击"Finish"。也可以在数据导入时加载数据库进行鉴定（图 5-66）。

化合物鉴定时，最好使用含有串联质谱信息的数据如 DDA（fast-DDA，auto-MS/MS）和 DIA（MSe，AIF，SWATH）文件，增加鉴定的准确性。数据鉴定结果如图 5-67 所示。

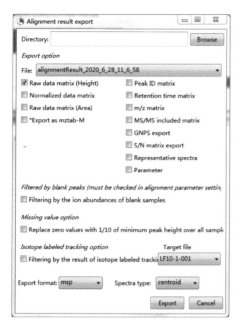

	AG	AH	AI	AJ	AK	AL
	L	L	L	Y	Y	Y
	Sample	Sample	Sample	Sample	Sample	Sample
	1	2	3	4	5	6
	1	1	1	1	1	1
	LF10-1-001	LF10-2-001	LF10-3-001	YF10-1-001	YF10-2-001	YF10-3-001
	2.24E-07	1.98E-07	1.62E-07	8.10E-08	9.42E-08	7.16E-08
	6.56E-07	6.96E-07	3.24E-07	4.02E-07	4.18E-07	5.82E-07
	2.65E-07	2.59E-07	2.93E-07	3.76E-07	3.24E-07	2.86E-07
	2.53E-07	4.46E-07	3.88E-07	5.47E-07	5.63E-07	3.87E-07
	1.30E-06	1.33E-06	1.22E-06	1.72E-06	1.69E-06	1.79E-06
	5.96E-06	5.98E-06	5.95E-06	1.18E-06	9.86E-07	2.14E-06
	1.29E-06	9.73E-07	1.10E-06	3.60E-07	3.95E-07	1.82E-07
	9.61E-07	9.59E-07	9.16E-07	3.10E-07	3.54E-07	3.02E-07
	1.03E-06	9.97E-07	8.95E-07	8.71E-07	7.71E-07	5.90E-07
	1.87E-06	1.75E-06	1.32E-06	5.57E-06	5.31E-06	5.83E-06
	1.19E-06	2.85E-07	6.83E-07	9.11E-06	7.40E-06	7.89E-06
	7.63E-06	7.27E-06	8.11E-06	2.59E-06	2.44E-06	2.47E-06
	5.85E-06	5.98E-07	7.44E-07	4.89E-06	5.20E-06	5.48E-06
	8.78E-07	9.38E-07	8.53E-07	1.97E-07	1.20E-07	1.64E-07
	9.67E-07	1.08E-06	1.10E-06	2.50E-07	1.92E-07	1.70E-07
	5.90E-07	5.28E-07	5.50E-07	2.62E-07	2.09E-07	2.00E-07
	5.35E-07	4.81E-07	7.06E-07	5.83E-08	1.37E-07	1.29E-07
	1.76E-06	1.85E-06	1.75E-06	1.79E-06	1.99E-06	1.81E-06
	2.98E-06	2.56E-06	2.72E-06	8.22E-07	6.68E-07	4.46E-07
	7.34E-06	4.32E-06	6.49E-06	3.03E-06	1.84E-06	1.55E-06
	6.76E-07	1.78E-07	2.47E-07	4.33E-07	3.22E-08	2.44E-07
	5.10E-07	2.19E-07	8.18E-07	1.27E-07	9.73E-08	1.15E-06
	1.00E-05	6.79E-06	9.38E-06	4.23E-06	3.64E-06	3.61E-06
	2.88E-06	2.89E-06	2.22E-06	1.40E-06	1.08E-06	3.56E-07
	1.21E-05	1.23E-06	1.20E-05	6.34E-06	6.39E-06	6.72E-06
	2.53E-06	2.55E-06	2.69E-06	8.49E-07	1.25E-06	6.62E-07
	6.11E-07	5.51E-07	4.83E-07	4.12E-08	3.23E-08	7.96E-08
	6.88E-07	7.09E-06	7.47E-06	3.61E-06	3.70E-06	3.44E-06
	5.88E-05	5.46E-06	4.80E-05	0.000112297	7.69E-05	8.32E-05
	1.14E-06	9.51E-07	3.66E-07	2.23E-07	2.78E-07	1.91E-07
	2.01E-07	1.56E-07	1.60E-07	1.97E-06	3.26E-08	0
	1.44E-07	1.14E-07	1.37E-07	1.79E-05	1.67E-05	1.32E-07
	3.28E-07	3.09E-07	2.87E-07	5.03E-07	4.98E-07	5.76E-07
	6.88E-07	7.07E-07	5.89E-07	1.04E-06	9.81E-07	9.58E-07
	7.81E-06	1.92E-06	4.18E-06	1.45E-05	1.79E-06	8.40E-06

图 5-63　MS-DIAL 数据集导出界面　　　　　图 5-64　MS-DIAL 导出数据集形式

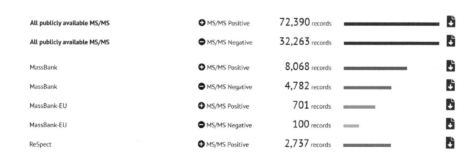

图 5-65　MS-DIAL 数据库下载界面

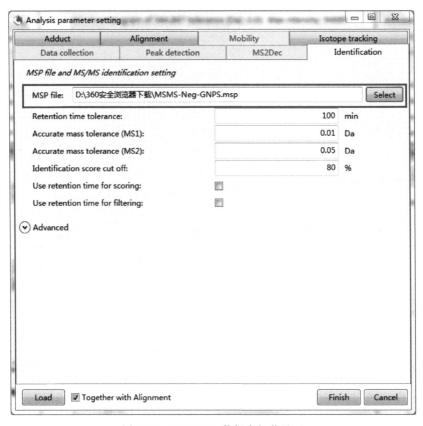

图 5-66　MS-DIAL 数据库加载界面

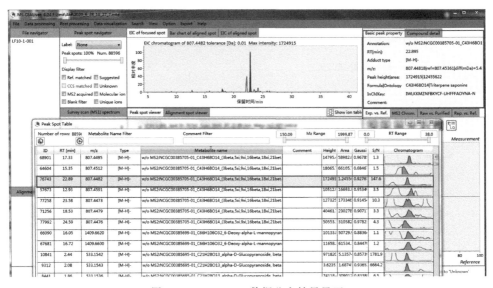

图 5-67　MS-DIAL 数据鉴定结果界面

5.6 MZmine 2 软件操作

该软件支持多种电脑系统，下载解压即可。在安装包内找到 .bat 文件，双击即可运行。软件界面如图 5-68 所示。

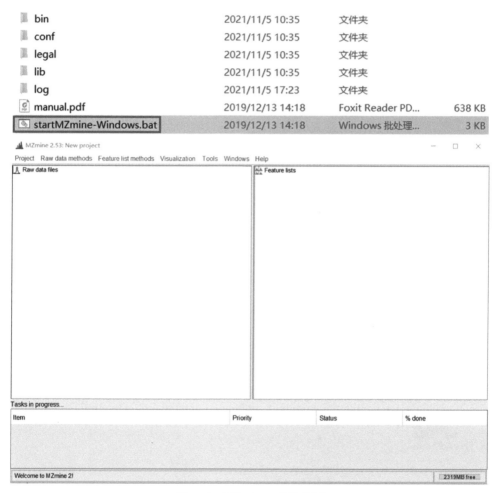

图 5-68　MZmine 2 软件界面

5.6.1 软件操作步骤

5.6.1.1 Raw data import（原始数据导入）

软件支持多种格式的数据，包括通用数据 mzML、mzXML、mzData、

NetCDF；以及原始数据 Thermo RAW、Waters RAW、Agilent CSV。

导入流程如图 5-69 所示，点击"Raw data methods"→"Raw data import"→选择数据（这里以 Thermo RAW 为例）→点击"打开"开始导入。软件下方 Task in progress 框中会有进度条显示。导入成功后，会显示在 Raw data files 界面，点击文件前的"+"号，可以看到每个文件包含的谱图信息。如图 5-70 所示，包括谱图级别（MS1 和 MS2）、采集时间、数据形式［轮廓图（字母"p"表示）或者棒状图（字母"c"表示）］以及采集模式（正离子模式和负离子模式）。

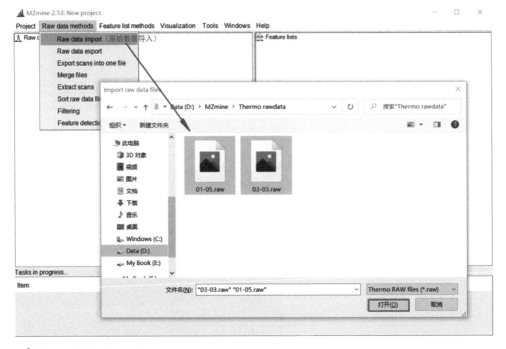

图 5-69　MZmine 2 软件数据导入

5.6.1.2　Mass detection（质量检测）

操作流程如图 5-71 所示，依次点击"Raw data methods"→"Feature detection"→"Mass detection"。

弹出菜单如图 5-72 所示，在此界面进行参数设置，具体流程如下：

点击①→选择"All raw data files"。

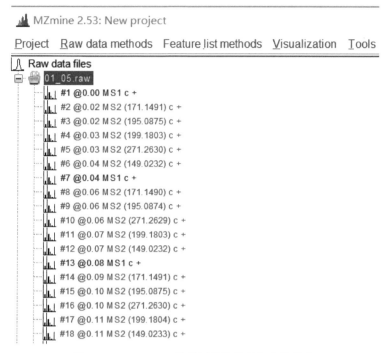

图 5-70　MZmine 2 软件原始数据所包含的信息

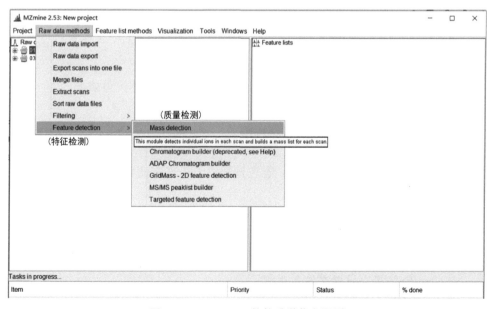

图 5-71　MZmine 2 软件质谱信息识别

点击②→有五种方法可供选择，其中"Centroid"适用于棒状图，其余四种适用于轮廓图。实验中采集的谱图为棒状图，所以在这一步选择"Centroid"。

点击③设置相应参数。

点击"Set filters"设置保留时间、MS 等信息（由 MS1 更换为 MS2 时，要调整参数，特别是"Noise level"，因为 MS2 通常会比 MS1 低）。

点击"Mass list name"，可以编辑列表名称。

点击"OK"开始运行。

完成后，文件名上会有一个绿色的对号。

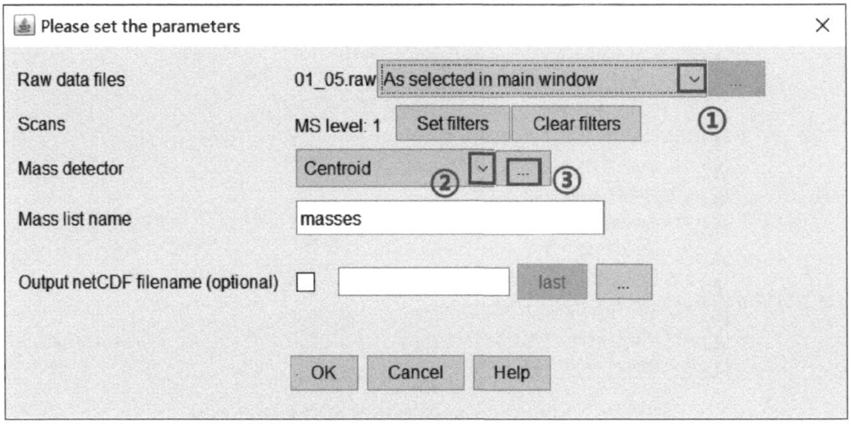

图 5-72　MZmine 2 软件质谱信息提取参数设置

5.6.1.3　Chromatogram building（色谱峰构建）

操作流程如图 5-73 所示，依次点击"Raw data methods"→"Feature detection"→"ADAP Chromatogram builder"。

弹出菜单如图 5-74 所示，在此界面进行参数设置，具体流程如下。

点击①→选择"All raw data files"。

点击②→选择列表名称（masses）。

接下来有四个参数。

Min group size in ♯ of scans：在色谱图中至少要有此数量的连续扫描点高于用户设定的强度阈值；

Group intensity threshold：强度阈值；

Min highest intensity：在色谱图中至少要有一个点的强度大于或等于此值；

m/z tolerance：在连续扫描中质荷比的最大偏差，用于构建色谱图。

在"suffix"可以设置文件名后缀。

点击"OK"开始运行。

运行结束后，会在 Feature list 框中出现后缀为"chromatogram"的结果。

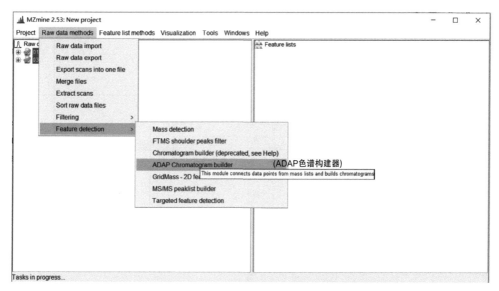

图 5-73 MZmine 2 软件色谱信息识别

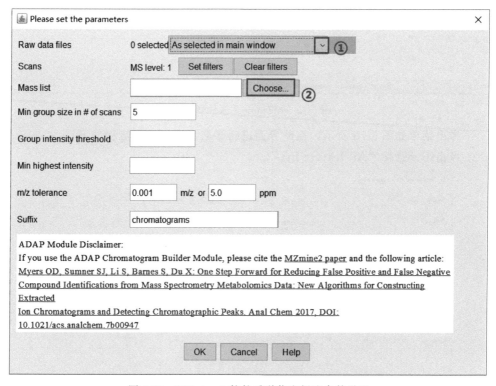

图 5-74 MZmine 2 软件质谱信息提取参数设置

5.6.1.4　Decovolution（解卷积）

操作流程如图 5-75 所示，依次点击"Feature list methods"→"Feature detection"→"Chromatogram deconvolution"。

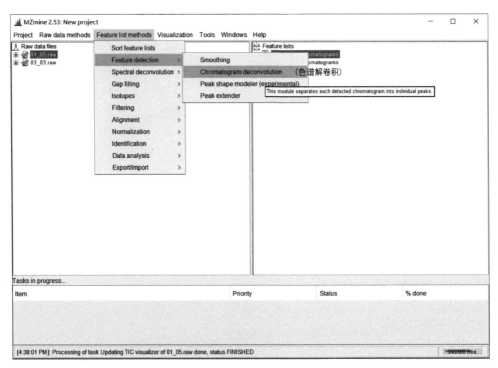

图 5-75　MZmine 2 软件解卷积

弹出菜单如图 5-76 所示，在此界面进行参数设置，具体流程如下：
点击①→选择"All feature lists"。

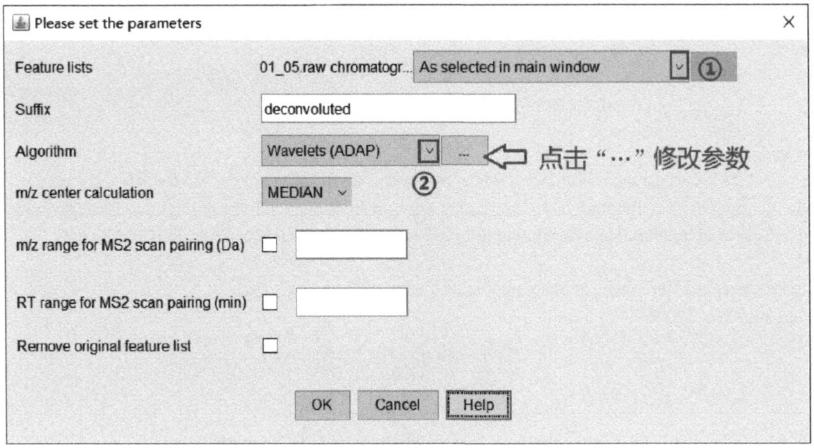

图 5-76　MZmine 2 软件解卷积参数设置

点击②→选择算法（本实验选择"Wavelets ADAP"）。

注：如对界面中的参数有疑问，可以点击"Help"，里边对每一个选项都有专业解释。

5.6.1.5 Isotopic peaks grouper（同位素峰归集）

操作流程如图 5-77 所示，在 Feature lists 框中选中"chromatograms"后缀的文件→"Feature list methods"→"Isotopes"→"Isotopic peaks grouper"。在弹出对话框中设置参数，点击"OK"运行。

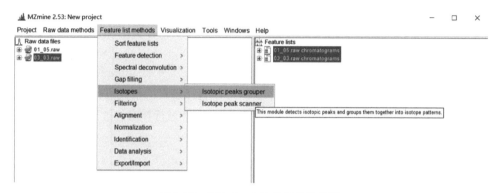

图 5-77　MZmine 2 软件同位素归属

5.6.1.6 Alignment（峰对齐）

操作流程如图 5-78 所示，在 Feature lists 框中选中去同位素后的文件→"Feature list methods"→"Alignment"→"Join aligner"。在弹出对话框中设置参数，点击"OK"运行。

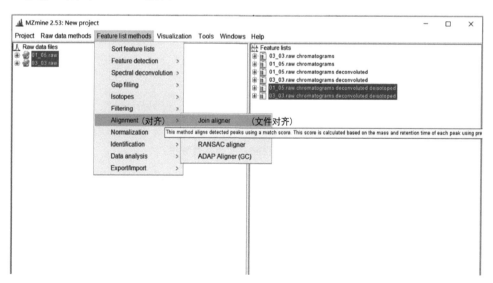

图 5-78　MZmine 2 软件峰对齐

如图 5-79 所示，在 Feature lists 中可以看到经过数据预处理之后的信息列表。

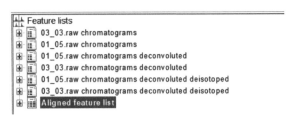

图 5-79　MZmine 2 提取信息列表

5.6.1.7　数据集导出

操作流程如图 5-80 所示，选择"Aligned feature list"→"Feature list methods"→"Export/Import"→"Export to CSV file"（可以选择需要的格式进行导出）。弹出菜单中选择需要导出列表中包含的内容，点击"OK"进行导出。

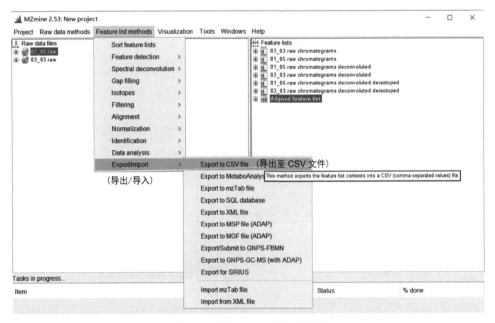

图 5-80　MZmine 2 数据集导出

目标文件如图 5-81 所示，可以将此文件导入到 SIMCA 等软件进行多元统计分析。

5.6.2　沃特世原始数据（Waters raw data）导入

在使用软件处理沃特世数据时，可能会遇到两个问题。

row ID	row m/z	row retention	01_05.raw Peak area	03_03.raw Peak area
1	381.0788	0.98239083	3.73E+08	3.86E+08
2	160.0967	1.01588333	1.90E+08	1.68E+08
3	116.0704	1.02733583	1.16E+08	1.21E+08
4	175.1188	0.97164667	1.52E+08	1.49E+08
5	151.0351	0.88610917	9.28E+07	9.83E+07
6	481.1692	15.7568775	2.13E+08	1.91E+08
7	475.1761	1.00477583	8.72E+07	6.96E+07
8	177.098	0.91186083	6.13E+07	1.15E+08
9	277.1796	57.0823742	9.85E+07	1.46E+08
10	498.1958	18.295355	3.88E+08	3.16E+08
11	110.0085	0.88610917	4.69E+07	5.23E+07
12	337.1714	0.98239083	4.79E+07	1.12E+07
13	458.1861	1.02733583	3.85E+07	2.80E+07
14	179.0701	18.2632342	1.66E+08	1.54E+08
15	268.1037	1.32715	4.64E+07	4.46E+07
16	365.105	0.98239083	3.79E+07	1.47E+07
17	278.1232	1.02733583	3.95E+07	3.15E+07
18	149.0231	62.4167683	5.42E+07	5.46E+07
19	219.0265	0.98239083	2.82E+07	4.90E+07
20	176.0916	0.9935475	4.29E+07	3.13E+07

图 5-81　MZmine 2 软件导出的数据集

第一个问题是软件可能无法识别沃特世的原始数据（. RAW）。经过尝试发现，目前的版本（MZmine 2.53）的确无法识别沃特世原始数据，上传之前需要对数据进行格式转换。而之前的版本（MZmine 2.52）则可以识别。如有需要，可以在软件下载地址中，下载旧版本。

第二个问题是导入原始数据后无法进行色谱构建（Chromatogram builder），报错信息如图 5-82 所示。

图 5-82　MZmine 2 数据导入时的报错信息

推测原因可能是由于原始文件中包含了质谱实时校正信号（LockMass）的数据。右键文件名→选择"show TIC"，如图 5-83 所示，是三张谱图的叠加图（Funtion 1～3）。

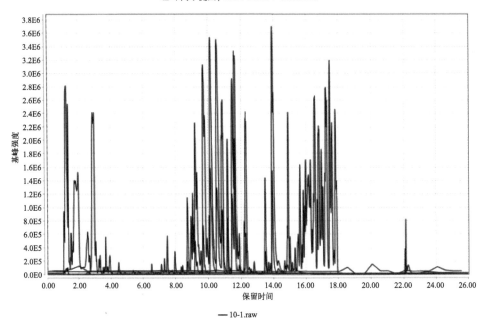

图 5-83　MZmine 2 导入的沃特世质谱原始数据总离子流图

　　该软件无法对 LockMass 产生的信号进行剔除，而在实验过程中，为了保证采集到的质谱数据的准确性，即使仪器经过了校正，还是推荐使用 LockMass 进行实时校正。

　　如果实验中没有使用 LockMass，那么该软件应该可以对数据进行处理。

　　如果实验中使用了 LockMass，则需要在导入数据之前，对数据进行格式转换，这里给大家介绍一种数据转换方式，使用的软件是 Waters MassLynx 中自带的 Databridge 软件。

　　数据转换流程如下：

　　① 电脑"开始"菜单中找到"MassLynx"→点击"Databridge"。

　　② 打开软件，如图 5-84 所示，点击"Options"→选择"MassLynx"→选择"NetCDF"→点击"OK"。

　　③ 文件转换如图 5-85 所示，点击"Select"→选择需要转换的文件→选择目标文件位置→点击"OK"。

　　④ 点击"Covert"进行转换，弹出如图 5-86 所示提示，文件包含不同的检测通道（Function），转换时会按照不同的 Function 生成不同的文件，这时点击"确定"即可。

　　⑤ 转换完成，在目标文件夹中可以看到转换后的文件，如图 5-87 所示，后缀的 01，02，03 分别对应原始文件中的 Function 1，Function2，Function3（从三个文件的大小也可以判断）。

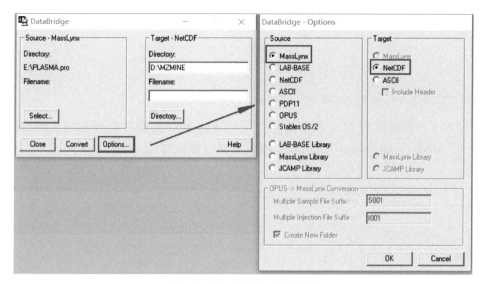

图 5-84　Databridge 软件界面

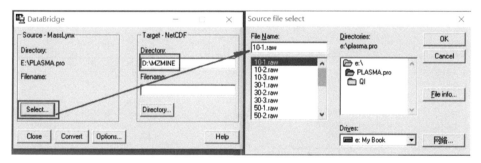

图 5-85　Databridge 软件数据转换

图 5-86　Databridge 软件数据转换提示信息

📄 10-101.CDF	2021/11/9 15:24	CDF 文件	1,872,319...
📄 10-102.CDF	2021/11/9 15:26	CDF 文件	933,831 KB
📄 10-103.CDF	2021/11/9 15:26	CDF 文件	2,924 KB

图 5-87 Databridge 数据转换完成

由于示例数据是 MSe 数据，所以三个 Function 分别对应 MS1（low energy），MS2（high energy）和 LockMass 信息（图 5-88）。

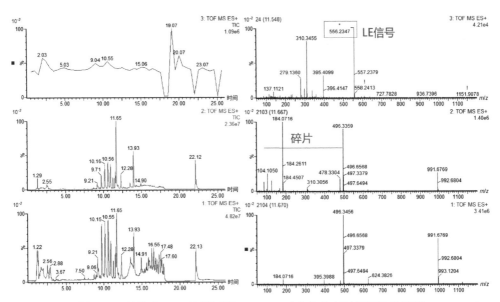

图 5-88 沃特世 MSe 数据不同 Function 对应的总离子流图和质谱图

将三个文件导入 MZmine 2 软件，看一下文件中所包含的谱图信息。三个文件对应的 TIC 如图 5-89 所示，三个 Function 中所采集的数据已经被分为三个文件，接下来就可以对数据进行后续处理了。

本文所用的示例数据是 MSe 数据，所以会有三个 Function 文件，在用该软件进行代谢组学预处理时，我们只需导入 Function 1 的数据用以生成供后续统计分析的数据列表即可。

由于 MSe 是一种 DIA 的采集模式，也就在产生碎片的过程中并未对特定的母离子进行选择，所以其在 Function 2 中产生的碎片实际上是在某一时间点检测到的所有离子的碎片叠加。如果想从中选择母离子→子离子信息，则需要特定的算法，目前该软件似乎不能完成此项任务。所以如果想从 MSe 中观察碎片离子的信息，可以使用商业化的 Progenesisi QI 或者开源的 MS-DIAL。

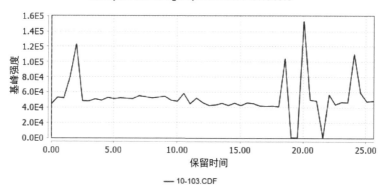

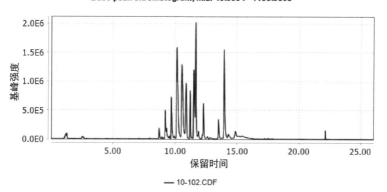

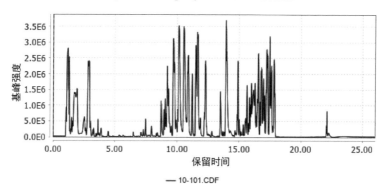

图 5-89　Databridge 转换的三个文件导入 MZmine 2 软件对应的总离子流图

5.6.3　导出可供 MetaboAnalyst 分析的数据文件

使用 MZmine 2 进行数据前处理后，可以直接导出供 MetaboAnalyst 分析的数据文件，但是在导出之前需要先对样本进行分组设置，否则就会提示有错误（如图 5-90 所示）。

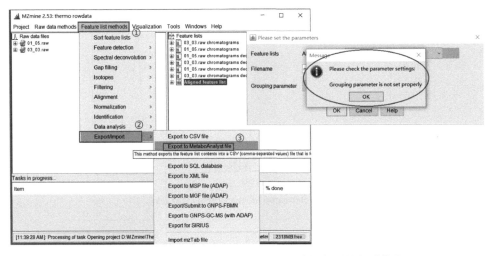

图 5-90 MZmine 2 导出 MetaboAnalyts 数据集时的报错信息

设置样本分组操作如下：

如图 5-91 所示，依次点击 "Project" → "Set sample parameters"。

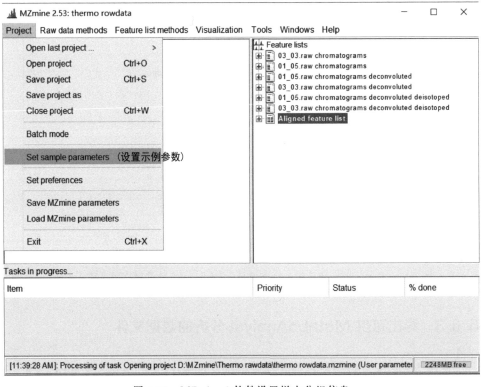

图 5-91 MZmine 2 软件设置样本分组信息

弹出对话框如图 5-92 所示，依次点击"Add new parameter"→弹出对话框→"Name"处填写分组名称（例如"Group"）→选择"Set of values"→"Add value"→输入具体组别（如"A"）→"OK"→"Add value"→添加另一个组别（如"B"）以此类推设置好分组→点击"Add parameter"。单击"Group"列→选择组别→点击"OK"完成分组。

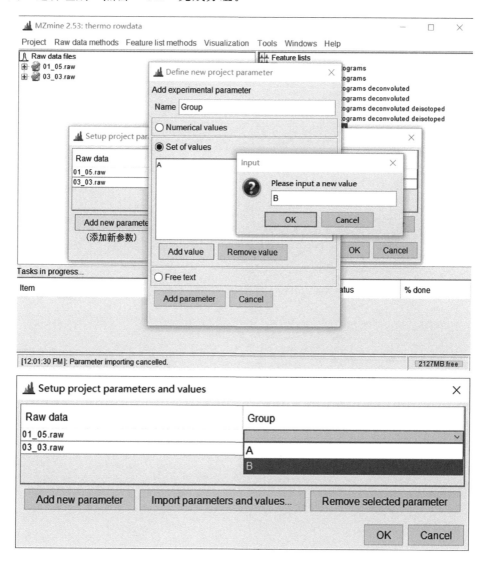

图 5-92　MZmine 2 软件设置样本分组参数设置

这时就可以重复文章开始的操作，导出 MetaboAnalyst 可以识别的数据文件（注：按照 MetaboAnalyst 网站要求，每组至少要包含三个样本，否则会有报错提示）。

第 6 章

总结

6.1　代谢组学并不神秘

简单来说，代谢组学就是研究生物体内不同器官、组织、体液中代谢物变化的一门科学。对于动物而言，引起代谢物变化的原因可以是疾病、药物干预以及建立的各种动物模型；对于植物而言可以是生长环境的差异、生长年限的不同、植物病虫害等。如果实验涉及到这些方面，都可以建立相关的代谢组学实验进行研究。实验的建立可以参考药理实验来进行，包括动物的选择、模型的建立、给药剂量的确定等，最后收集用于代谢组学实验的血液和组织样本等，置于低温冰箱保存。

以 LC-MS 为平台的非靶向代谢组学为例，代谢组学实验基本流程主要包括以下几个方面。

6.1.1　样本前处理

由于代谢组学的研究对象是分子量在 1000 以下的小分子代谢物，所以在这一步需要去除生物样本中的大分子物质。针对不同的生物样本、不同的关注对象，前处理的方法也有所不同。这里就需要去检索相关的文献去确定前处理方法。在第 4 章 4.1 小节也针对不同生物样本推荐了相应的参考文献，这些文献中包含了常见的生物样本的前处理方法、处理后样本的保存、QC 样本的制备方法等，介绍得非常详细。

6.1.2　数据采集

这一步就是将我们的生物样本以谱图的形式呈现出来。在非靶向代谢组学研究中，高分辨的质谱仪是标配，因为高分辨的数据才可以对复杂生物样本中的代谢物进行分离，尽可能多地检测到样本中的代谢物；另外高分辨的数据也有助于谱库搜索对代谢物进行鉴定。目前常用的质量分析器为 TOF 和 Orbitrap，通常这些高分辨的质量分析器会与四极杆串联，也就是我们常说的 Q-TOF 和 Q-Orbitrap 质谱仪。

另外就是扫描模式的选择，最简单的方法就是使用全扫描，因为下一步的数据预处理是针对全扫描的数据进行的。在保证包含全扫描的基础上，可以增加其他的扫描方式，如使用 MSe，DDA，Full-MS/ddMS2 等方式，在获得全扫描数据的过程中同时获取其串联数据，用于提高化合物鉴定的准确性。

6.1.3 数据预处理

这一步的目的是将上一步采集的谱图转换成可供统计分析的数据集，也就是将 Raw Data 转换为 Dataset。这一步主要包含峰的提取（extraction）、对齐（align）、归一化（normalization）等操作，主要使用的软件包括商业软件和免费开源的软件。完成这一步之后，我们就得到了一个包含样本编号、信号（保留时间_质荷比）以及强度或者峰面积的数据集。QC 样本的数据集可以用于方法学考察，对仪器的稳定性和重复性进行评价。此外，还需要对数据集中的缺失值进行过滤和填充，常用的方法有"80%规则过滤"。

6.1.4 数据分析

在这一步中通常使用多元统计分析，以图示的形式展现生物样本的分类情况，比较重要的一点就是要理解每个图片的含义，帮助我们来理解从图片中反映出的样本情况。常用的统计方法包括：主成分分析（PCA）、偏最小二乘判别分析（PLS-DA）、正交偏最小二乘判别分析（OPLS-DA）等。常用的软件有仪器配套的分析软件、第三方付费软件以及免费软件。

PCA 得分图（score plot），用来看样本天然的分组情况，在分析时不加任何分组信息。图中每一个点代表一个样本，样本在空间中所处的位置由其中所含有的代谢物的差异决定。PCA 载荷图（loading plot），用来寻找差异变量。同种的每一个点代表样本中含有的一个化合物，距离原点越远的点被认为对样本的分类贡献越大。

偏最小二乘判别分析（PLS-DA）得分图和载荷图的解释同 PCA。区别在于，PLS-DA 在分析时提前赋予每个样本分组信息，简单地说，就是在分析时扩大组间差异，减少组内差异，多用来寻找标记物。

正交偏最小二乘判别分析（OPLS-DA）中，寻找标记物通常使用 S-plot。得分图中，两组样本分布在 y 轴两侧，通过 S-plot 可以获得标记物在两组中相对含量的变化。也就是说，处在 S-plot 右上角的化合物（距离原点越远，对分类贡献越大）在处在得分图右侧的样本中含量较高，反之亦然。

通过上述分析，我们知道了样本的分类状况，接下来就可以筛选标记物（即对样本分类贡献比较大的化合物）。这一步通常需要结合多种方法来进行筛选如 VIP 值、fold change 值、p 值等。筛选出标记物之后，可以将这些化合物在不同组别中的含量作可视化，如使用热图、柱形图、箱线图来表示。

6.1.5 化合物鉴定

筛选到生物标记物之后，就可以根据质谱信息对其进行鉴定。最常用的方法就是数据库的检索，可以使用仪器自带软件来进行，通常需要设置质荷比偏差范围、加合离子类型、电荷数以及要搜索的目标数据库等信息。另外，也可以去目标数据库，自行输入相关信息进行搜索。

6.1.6　标记物的解释

在这一步需要针对所研究的内容，对寻找到的生物标记物进行解释，例如标记物与疾病的关系、标记物与药物作用的关系等。在所发表的文章中，对生物标记物进行解释的方法主要有以下几种：

设计生物学实验或者药理实验对所找到的生物标记物进行验证，解释确切的作用机理和代谢途径；对生物标记物进行逐个解释，说明其与所研究的模型或者疾病的关系；使用软件进行代谢通路分析，将所找到的生物标记物输入软件，查看相关的代谢通路，找到影响最大或富集最多的代谢通路进行着重解释或研究。

以上就是代谢组学研究的基本步骤，总结如下。

① 样本前处理：去除大分子物质，检索文献寻找适合自己的方法；

② 数据采集：高分辨质谱是非靶向代谢组学必须满足的条件，采集时一定要包含全扫描数据；

③ 数据预处理：将样本信息由图片转为可供分析的数据集；

④ 数据分析：样本分类可视化，寻找对分类贡献大的化合物；

⑤ 化合物鉴定：将寻找到的标记物由数字信息转换为具体名称；

⑥ 标记物解释：筛选的标记物与研究对象的关系。

6.2　代谢组学的学习过程

对于很多刚刚接触代谢组学的朋友来说，如何入门，如何深入研究一直是大家比较关心的问题，编者认为，代谢组学的学习可以分为两个部分，第一部分就是掌握基本知识，第二部分则是坚实专业基础。

6.2.1　掌握基本知识

基本知识是指我们在代谢组学最初学习阶段所获得的信息，如代谢组学的概念、研究对象、研究方法、应用等。这些知识可以通过参加相应的培训班、阅读相关的文献和参考书等途径获得。当我们学会这些基本知识之后，如果条件具备，比如有完成实验需要的试剂、仪器平台、相关的软件等，就可以尝试开展代谢组学实验了。当我们真正着手开展实验时，问题则会接踵而至：如何进行样本前处理？数据采集采用什么模式？原始数据如何预处理？这些问题的解决，就需要我们有足够深厚的基础。

6.2.2 坚实专业基础

代谢组学是一门多学科交叉的科学，包括了分析化学、生物化学、生物信息学等学科的内容。在了解代谢组学基本知识点基础上，如果对这些学科的内容有很强专业背景的话，可以使代谢组学实验的开展事半功倍。具体如下：

（1）更清晰地了解实验流程　如果把代谢组学当作一个发现的工具，研究者们通常会按照常规的流程进行操作，在这一过程中，如果有相应的知识背景，就可以帮助我们更好地理解流程中的具体操作，如为什么使用有机溶剂处理生物样本、为什么要配制 QC 样本、质谱使用之前为什么要进行校正、在运行样本时为什么要进行实时校正等。了解了这些，可以使我们每一步操作都有的放矢，最终获得可靠的结果。

（2）解决实验中遇到的问题　如果之前从事过样本前处理、质谱分析、统计分析等方面的研究，可以将之前实验中积累的经验直接运用到代谢组学研究中。

① 样本前处理：可以通过优化前处理的条件，对目标化合物如氨基酸、脂肪酸、胆碱类物质等进行富集，减少干扰，提高检测的准确度。

② 质谱分析：在实验中遇到离子源污染、质量轴偏差大等情况时就可以自行解决；此外在扫描模式的选择上也更加得心应手。

③ 统计分析：面对海量的数据，可以选择合适的处理方法如数据转换、归一化等；另外对各种参数的解释也更加专业。

（3）发现文献中的亮点　文章只要可以发表，多少都有一定的创新之处，可能创新有大小之分，坚实的专业基础可以帮助我们来发现这些亮点。起初，我们觉得能够找到文章中的不足之处是一件很厉害的事情，但是逐渐我们会发现，能够发现文章的亮点才更需要深厚的功力。

（4）有利于实验设计　对于文章创新点的把握，可以指导我们进行实验设计。虽然现在有很多文献介绍如何一步一步地进行代谢组学实验，但是并没有官方规定的标准操作，所以在整个流程中，我们可以在自己擅长的领域做一些改进，完善代谢组学研究。在相关文献中，研究者们对样品的前处理、数据采集（包括色谱和质谱方法）、流动相添加剂的选择进行改进，对我们进行实验设计会有很大的启发。

（5）合理选择　　由于开展代谢组学的平台搭建费用过高，所以很多研究者会选择相关的公司付费测样。需要注意，公司通常会给出多个测试方案，这时就需要我们对每一种方案的优劣进行判断，合理选择性价比高的检测方法。

代谢组学实验的开展离不开扎实的基础知识，多读文献多思考，能使我们的实验完成得更加流畅。

附录

附录一　代谢组学知识框架图

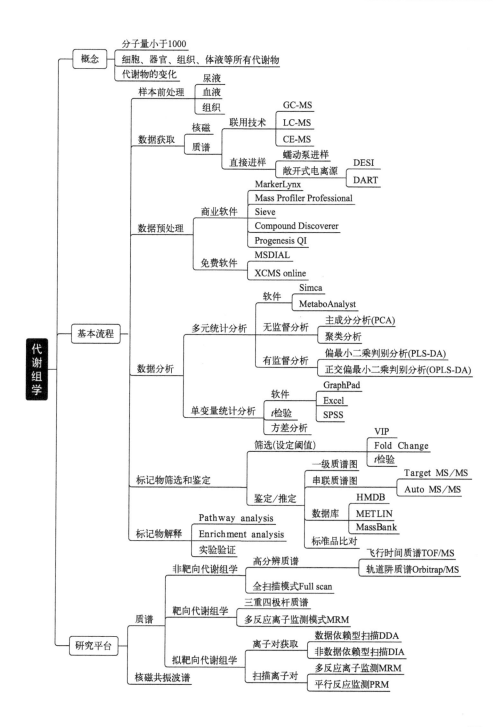

附录二 血液样本的代谢组学研究方法

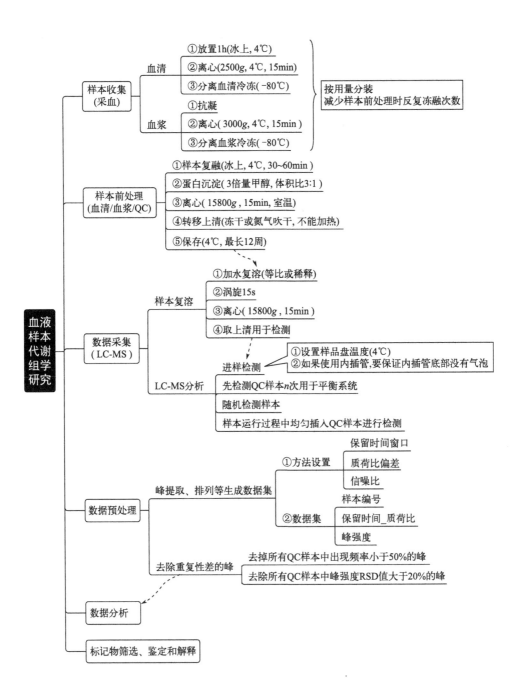

血液样本代谢组学研究

样本收集（采血）
- 血清
  - ①放置1h(冰上，4℃)
  - ②离心(2500g，4℃，15min)
  - ③分离血清冷冻(−80℃)
- 血浆
  - ①抗凝
  - ②离心(3000g，4℃，15min)
  - ③分离血浆冷冻(−80℃)

按用量分装
减少样本前处理时反复冻融次数

样本前处理（血清/血浆/QC）
- ①样本复融(冰上，4℃，30~60min)
- ②蛋白沉淀(3倍量甲醇，体积比3:1)
- ③离心(15800g，15min，室温)
- ④转移上清(冻干或氮气吹干，不能加热)
- ⑤保存(4℃，最长12周)

数据采集（LC-MS）
- 样本复溶
  - ①加水复溶(等比或稀释)
  - ②涡旋15s
  - ③离心(15800g，15min)
  - ④取上清用于检测
- LC-MS分析
  - 进样检测
    - ①设置样品盘温度(4℃)
    - ②如果使用内插管，要保证内插管底部没有气泡
  - 先检测QC样本n次用于平衡系统
  - 随机检测样本
  - 样本运行过程中均匀插入QC样本进行检测

数据预处理
- 峰提取、排列等生成数据集
  - ①方法设置
    - 保留时间窗口
    - 质荷比偏差
    - 信噪比
  - ②数据集
    - 样本编号
    - 保留时间_质荷比
    - 峰强度
- 去除重复性差的峰
  - 去掉所有QC样本中出现频率小于50%的峰
  - 去除所有QC样本中峰强度RSD值大于20%的峰

数据分析

标记物筛选、鉴定和解释

附录三　尿液样本前处理方法

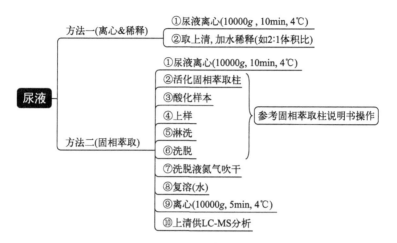

附录四　组织样本前处理方法

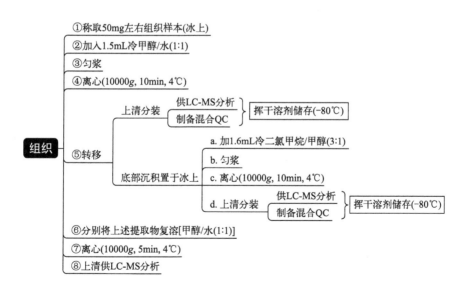

附录五 代谢组学样本前处理和分析方法

编号	代谢物	样本类型	分析方法	文件链接
1	代谢物	血清	LC-MS	http://www.metabolomicsworkbench.org/protocols/protocoldetails.php? file_id=70
2	胆汁酸	肝组织	LC-MS	http://www.metabolomicsworkbench.org/protocols/protocoldetails.php? file_id=71
3	乙酰肉碱	肝组织	LC-MS	http://www.metabolomicsworkbench.org/protocols/protocoldetails.php? file_id=74
4	辅酶A	肝组织	LC-MS	http://www.metabolomicsworkbench.org/protocols/protocoldetails.php? file_id=75
5	代谢物	血浆	LC-MS	http://www.metabolomicsworkbench.org/protocols/protocoldetails.php? file_id=117
6	神经酰胺	血浆	LC-MS	http://www.metabolomicsworkbench.org/protocols/protocoldetails.php? file_id=183
7	神经酰胺	细胞	LC-MS	http://www.metabolomicsworkbench.org/protocols/protocoldetails.php? file_id=184
8	神经酰胺	组织	LC-MS	http://www.metabolomicsworkbench.org/protocols/protocoldetails.php? file_id=185
9	胆汁酸	组织	LC-MS	http://www.metabolomicsworkbench.org/protocols/protocoldetails.php? file_id=271
10	酰基肉碱	血液、组织、细胞	LC-MS	http://www.metabolomicsworkbench.org/protocols/protocoldetails.php? file_id=320
11	脂质	血浆	LC-MS	http://www.metabolomicsworkbench.org/protocols/protocoldetails.php? file_id=346
12	全面检测	血浆、血清	LC-MS	http://www.metabolomicsworkbench.org/protocols/protocoldetails.php? file_id=347
13	氨基酸	生物液体、组织	LC-MS	http://www.metabolomicsworkbench.org/protocols/protocoldetails.php? file_id=348
14	酰基肉碱	生物液体、组织	LC-MS	http://www.metabolomicsworkbench.org/protocols/protocoldetails.php? file_id=349
15	有机酸	生物液体、组织	LC-MS	http://www.metabolomicsworkbench.org/protocols/protocoldetails.php? file_id=350
16	睾酮	血浆	LC-MS	http://www.metabolomicsworkbench.org/protocols/protocoldetails.php? file_id=351

编号	代谢物	样本类型	分析方法	文件链接
17	脂质	细胞	LC-MS	http://www.metabolomicsworkbench.org/protocols/protocoldetails.php?file_id=352
18	类固醇	血清、血浆、组织	LC-MS	http://www.metabolomicsworkbench.org/protocols/protocoldetails.php?file_id=440
19	代谢物	血清、血浆	GC-MS	http://www.metabolomicsworkbench.org/protocols/protocoldetails.php?file_id=539
20	代谢物	植物组织	GC-MS	http://www.metabolomicsworkbench.org/protocols/protocoldetails.php?file_id=540
21	代谢物	血浆、组织、植物	GC-MS	http://www.metabolomicsworkbench.org/protocols/protocoldetails.php?file_id=541
22	代谢物	血浆、组织、植物	GC-MS	http://www.metabolomicsworkbench.org/protocols/protocoldetails.php?file_id=542
23	脂质	血浆、血清	LC-MS	http://www.metabolomicsworkbench.org/protocols/protocoldetails.php?file_id=543
24	脂质	脂质 QC 混标	LC-MS	http://www.metabolomicsworkbench.org/protocols/protocoldetails.php?file_id=544
25	脂质	血浆	LC-MS	http://www.metabolomicsworkbench.org/protocols/protocoldetails.php?file_id=545
26	胆汁酸	血浆	LC-MS	http://www.metabolomicsworkbench.org/protocols/protocoldetails.php?file_id=561
27	神经酰胺	血浆	LC-MS	http://www.metabolomicsworkbench.org/protocols/protocoldetails.php?file_id=562
28	内源性大麻素	血浆	LC-MS	http://www.metabolomicsworkbench.org/protocols/protocoldetails.php?file_id=563
29	代谢物	血浆	LC-MS、GC-MS	http://www.metabolomicsworkbench.org/protocols/protocoldetails.php?file_id=564
30	短链脂肪酸	血浆	GC-MS	http://www.metabolomicsworkbench.org/protocols/protocoldetails.php?file_id=565
31	脂质	血浆	LC-MS	http://www.metabolomicsworkbench.org/protocols/protocoldetails.php?file_id=568
32	代谢物	组织、细胞、血样等	LC-MS	http://www.metabolomicsworkbench.org/protocols/protocoldetails.php?file_id=572

注：表格内容整理自 Metabolomics Workbench (https://www.metabolomicsworkbench.org/)。